完全
解构收纳
设计 500

漂亮家居编辑部 著

U0363575

海峡出版发行集团 | 福建科学技术出版社
THE STRAITS PUBLISHING & DISTRIBUTING GROUP | FUJIAN SCIENCE & TECHNOLOGY PUBLISHING HOUSE

著作权合同登记号：图字13-2017-089

本书经台湾城邦文化事业股份有限公司（麦浩斯出版）授权出版中文简体字版本。未经书面授权，本书图文不得以任何形式复制、转载。本书限在中华人民共和国境内销售。

图书在版编目（CIP）数据

完全解构收纳设计500 / 漂亮家居编辑部著.—福州：福建科学技术出版社，2018.7

ISBN 978-7-5335-5582-5

Ⅰ．①完…　Ⅱ．①漂…　Ⅲ．①住宅－室内装饰设计－图集　Ⅳ．①TU241-64

中国版本图书馆CIP数据核字（2018）第061345号

书　　名	完全解构收纳设计500	
著　　者	漂亮家居编辑部	
出版发行	福建科学技术出版社	
社　　址	福州市东水路76号（邮编350001）	
网　　址	www.fjstp.com	
经　　销	福建新华发行（集团）有限责任公司	
印　　刷	福建彩色印刷有限公司	
开　　本	787毫米×1092毫米　1 / 16	
印　　张	14	
图　　文	224码	
版　　次	2018年7月第1版	
印　　次	2018年7月第1次印刷	
书　　号	ISBN 978-7-5335-5582-5	
定　　价	69.80元	

书中如有印装质量问题，可直接向本社调换

目　录
CONTENTS

一、独立收纳

一般人认为独立的收纳空间是面积大的房子才能有空间规划，
但其实在现在的设计中，运用家中的畸零格局规划出储藏室，
或善用动线设置更衣间，反而能做到收纳的最大利用。

格局

001

概念 重划格局所多出的空间

老房、次新房重新调整格局，在多划一块客厅给厨房、多划一块卧房给客厅之际而多出的空间，反而适合改成独立收纳，无论是更衣室、储藏室等，让家中空间得到更适当的运用。

图片提供_馥阁设计

图片提供_馥阁设计

002

概念 不需要的小房间

许多新房内为了强调几房几厅的规格，有些房间小得不知道该如何使用，这时也建议规划成储藏空间。常会在家中设多处收纳空间，导致最后不知道东西收到哪里，而集中收纳则是解决的好方法。

图片提供_日和设计

图片提供_日和设计

003

概念 畸零空间

有些房子尤其是次新房，常在隔间后有畸零空间产生，像是三角屋、长形屋、夹层屋等十分常见又不知该如何是好的空间，将这些地方设为储藏空间，不仅让房子更显方正，也让家中空间活化、更有效收纳。

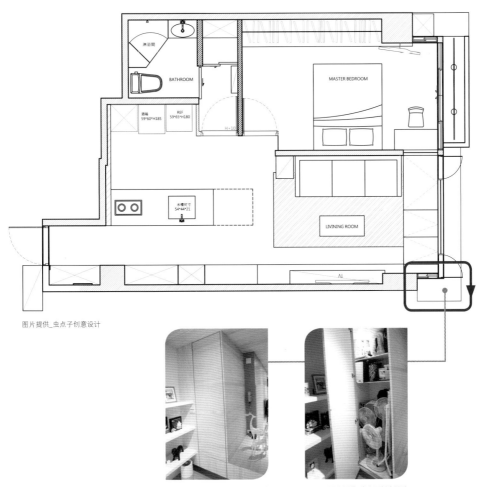

图片提供_虫点子创意设计

图片提供_虫点子创意设计　　　　图片提供_虫点子创意设计

图片提供_拾雅客空间设计

004

格局 善用畸零空间，提高空间使用面积

难免会出现的畸零空间，应该如何规划才会好用？设计师将原本呈三角形的空间规划成卧房更衣室，舍弃柜体改用吊挂方式让空间更加好用。穿衣镜吊挂在墙面、推拉门设计，则能有效节省空间，另外临窗面以整面雾面玻璃加强采光，让视觉得以延伸，同时消弭狭隘感受。

005

格局 小房间变身自然阳光交织的更衣间

户主渴望能拥有一间宽敞的更衣室，设计师在尽可能维持现有格局的状态下，打造出更衣空间。并且延续木设计主轴，选用与客厅一致的钢刷梧桐木，加上迎合户主需求的各种衣物配件收纳，住起来舒适又有品味。

设计要点 40厘米抽屉柜掌握阳光与休憩舒适

窗台边空间在维持光线与功能的状态下，改为规划高度约40厘米的抽屉柜，不仅让自然光能尽情洒落，也为小空间增加更多收纳。

图片提供_大湖森林室内设计

图片提供_馥阁设计

006

格局 畸零空间活化利用

运用浴室上方的挑高夹层畸零空间作为储藏室，将家中不常用的物品都收到这里来。而门板则迥异于一般储藏室的处理，与空间的主题"汤姆的树屋"相结合，犹如身处故事中的酒窖感，门板让储藏室的外观更亮丽。

007+008

格局 用卫浴换更衣室，大容量收纳超值得

腾出主卧的卫浴空间改为独立更衣室，并运用系统柜争取最大收纳空间。柜与柜之间以最小距离相互紧邻，将空间留给收纳，同时配合窗户高度规划抽屉柜。顺应而生的窗台除了置物，也是替婴儿换尿布的台面。

技巧要点 贴上镜子让空间放大

若将镜子贴于衣柜门板内侧，难免占去动线影响出入。而安排于更衣室门板后方在关上门后还能将小空间放大两倍，创造深邃感。

007

图片提供_日和设计

008

图片提供_日和设计

图片提供_摩登雅舍室内装修设计

009

格局 善用空间，完备主卧功能

善用主卧的畸零空间，分别设置独立更衣间和卫浴间，同时以玻璃格门分隔两区，不仅符合欧式风格的语汇，顺畅的动线也符合生活习惯。更衣室留出60厘米宽的走道，行走也不显拥挤。上中下三区分层的设计，有效将衣物分门别类，直觉式的收纳使用更顺手。开放层柜的深度约50厘米，下方则设置抽屉，好拿取的设计一点都不费力。

010

011

图片提供_摩登雅舍室内装修设计

图片提供_摩登雅舍台室内装修设计

010+011

格局 扩增收纳区，提升空间面积

大面积的空间中，却因格局配置不良，使得整体阴暗且难
以使用。因此，将书房隔间拆除改为格窗，让光线引入，
同时后方过于宽大的卫浴区则一分为二，保留卫浴区之
余，挪出部分区域作为储藏室和洗衣间使用，空间使用更
有效率。

技巧要点 高度依现有物品设计

沿墙加装开放层架，每层高度则是依照屋主原有的收纳箱
所设计的，即便物品繁多，也能整齐地摆放，让空间不至
于凌乱。

012

格局 沿梁柱打造收纳，化解难用畸零地

大型梁柱在空间里形成畸零地，设计师借由柜体设计，创造出鞋柜、展示柜与储藏空间，不仅有效利用了畸零空间，也顺势区隔出玄关位置。为求立面更为完整，以同一材质木皮铺贴梁柱、柜体门板，减少过多线条分割造成的视觉零碎感，让空间更显大气。

图片提供 六相设计研究室

013

图片提供_白金里居室内设计公司

013

格局 畸零角落化身万能收纳间

利用餐厅与客厅电视墙延伸而出的畸零区域，做成一个顶天立地的大型收纳空间。不仅能让电视墙呈现错落立体的视觉，深度高达70厘米的收纳柜，适合放置大型家具如健身车、婴儿车等，也适合收纳餐厅物品如餐具、厨具、家电等。可视需要调整层架空间，将难以收纳的物品全都化繁为简全面隐藏。

014

图片提供_虫点子创意设计

015

图片提供_虫点子创意设计

014+015

格局 畸零小空间的巨大收纳

运用客厅转角的畸零空间设置80厘米×80厘米的储藏室，虽然尺寸不大，但客厅最难收纳的电风扇、暖气机、行李箱等都能收进来。实木的暖色调也中和了屋子内清水墙所带来的冷冽感。

016

017

— 图片提供_漫舞空间设计

— 图片提供_漫舞空间设计

016+017

格局 依主动线配置，提高储藏室使用效率

基于全室拆除隔墙、大动格局的情况下，顺势利用4.2米的屋高条件，沿着客、餐厅动线，配置了约1.6平方米的储藏空间，邻近主动线位置，使用更为方便。储藏室入口左侧则设置了备餐台，为空间创造高功能的实用设计。

018+019

格局 独立置物的收纳空间

餐桌后方以隐藏门打造置物间，因为预算考虑摆放的鞋柜是从旧家搬过来的物件。从厨房延伸至此的地面，形成让空间变大的视觉效果，整体来说是个兼具预算面与视觉感的设计概念。

018

图片提供_相即设计有限公司

设计师不传的私房秘技 · 完全解构收纳设计 500

独立收纳 · 格局

图片提供_相即设计有限公司

图片提供_怀特室内设计

020

[格局] 开放与独立兼具的超功能更衣间

鉴于过去夫妻俩的衣服都混合放在一起,使用上十分不便,因此这次重新改造时特别增设各自使用的更衣间,运用电视主墙后方超过三米的空间设立更衣间为男主人专属。柜体部分除了有收纳领带的设计,浅色木柜则是裤子专属区域,同时善用柱体后方增设铁件,增加挂衣空间。

图片提供_日和设计

图片提供_日和设计

021 + 022

[格局] 隐藏储藏室?!与走道合而为一

什么样的储藏室可以不牺牲家中使用空间,又能具备独立收纳的可能?设计师先是借用原主卧卫浴的部分空间,拓展出更完整的收纳深度,再通过与走廊平行的做法,使空间与走道区域重叠,敞开门板时反而拓宽了走道视觉。

023

图片提供_漫舞空间设计

024

图片提供_漫舞空间设计

023+024

格局 巧用畸零空间，顺势形成储物区

由于翻新次新房后重新配置格局，冰箱沿走道设置，后方则留出了一小块的畸零区块，顺势设计成储藏空间。内部分隔成三层，下层收纳区刻意拉高高度，80厘米的深度，可收纳体量大的空间，预留给大型电器、行李箱等使用。

025+026

格局 从屋子的高度找到储藏灵感

房子具有3.6米的挑高优势，考虑浴室与阳台入口的楼高不需要太高，留下2.4米的高度之后，运用中间差规划出隐形储藏室，1.2米高的储藏室，相当于隔出一个小夹层做独立收纳，并且考虑高处开门的不便，以滑推门的形式让开关更顺畅。

025

图片提供_日和设计

026

图片提供_日和设计

027

图片提供_近境制作

027

格局 以畸零夹缝创造亮眼端景

一般住宅的玄关多半不宽敞，因此在设计尺度上更需锱铢必较，任何角落也不容错过。此案中因格局问题，在角落产生畸零区，设计师将此夹缝规划为端景层板柜，展现处处有景的居家品味。

设计要点 整装镜反映光影兼具收纳

除了以简约的端景来吸引目光外，下方的门柜自然也有收纳的功能。此外此处刻意以明镜作墙面铺底，一来可作为整装镜，而且还可借此反射自然光影，增加玄关亮度。

028

图片提供_摩登雅舍室内装修设计

029

图片提供_摩登雅舍室内装修设计

028+029

格局 墙面前移，瞬间变出储藏室

原始格局的客厅深度过长，因此刻意将电视墙前移，利用两侧留出的区域设计超大容量的储藏室，足够的空间大人小孩都能方便进入。墙面做满的柜体设计，收藏再多的玩具及日常用品也不怕。表面无把手的门板巧妙融入墙面，左右对称的语汇形塑地道的欧风居家。

图片提供_汎得设计

030

格局 小阁楼般的秘密收藏区

原始层高有3.3米的优势，再加上整体以英式的居家风格贯串，因此从天花下降做出L形的收纳区，如同阁楼般的设计，形塑异国风情的氛围。开放层板的尺寸高60厘米、深约40厘米，不仅可放置一般的收纳篮，也能有条理地收纳物品。四周加上铁管设置作为爬梯的挂轨，让爬梯能依需求移动使用。黑色天花和管线外露的设计，展露了个性居家的味道。

032

格局 切割无用空间做有效利用

在主卧电视墙后的更衣室，原是一间小房间，在确认需求之后与动线考虑将格局重制，房间一半作为更衣空间，一半则挪至外面的起居室，让空间得到最大的利用。更衣室内下层做系统柜并结合木作，而因户主大部分衣物习惯吊挂收纳，铁件设计除了支撑力够外，也流露出工业风色彩。

031

图片提供_虫点子创意设计

031

格局 完美三角形着装路线

挪用了部分客厅空间，2/3作为工作室，1/3作为穿衣间，满足希望能在一大清早着衣时拥有好心情的户主。考虑到动线，更衣室门与浴室门相对，与床铺形成三角形，形成流畅的着装路线。

设计要点 不只是收纳更是酿造好心情

穿衣间常是外出与入门的一个玄关，这里的设计不仅需要符合收纳逻辑，便于短时间着装，更需要美形与灯光来酿造、转换心情。衣物不要吊满，东西的摆放不只是整齐更留心摆放细节，学习百货公司的陈列收纳，让穿衣间变身为培养好气氛的空间。

图片提供_馥阁设计

动线

033

概念 移动路线

走到哪、收到哪这样"直觉性的收纳",是整理的重要口诀,因此玄关的独立空间即是因此而设。顺应生活动线,考虑平日习性而做收纳设计,才能让整理这件事更事半功倍。

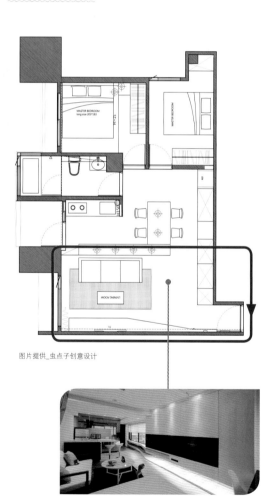

图片提供_虫点子创意设计

图片提供_虫点子创意设计

034

概念 便利穿整,培养好心情

穿衣间设置的位置很讲求动线,一般会设置在卧房内,接近淋浴空间;或是大门处,便利外出着衣。这样的收纳空间,不仅要有顺畅的收纳逻辑,且因为是与外界连接的空间,运用好的收纳设计,在这里转换气场让出门与回家心情更为愉悦。

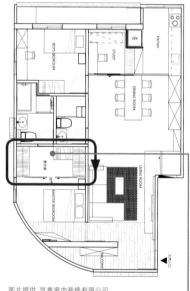

图片提供_筑青室内装修有限公司

图片提供_筑青室内装修有限公司

035

概念 养成收纳习惯

收纳是需要自小养成的习惯，有小孩的家庭，也建议在小孩房内设置穿衣间，让孩子从自己的房间开始，从小就养成将书籍与玩具物归原位与整理、穿搭衣物的习惯。

次卧

后阳台

厨房

餐桌

客厅

更衣

卫浴

玄关

图片提供_天涵空间设计有限公司

图片提供_天涵空间设计有限公司

图片提供_白金里居室内设计公司

036

动线 考虑方便性的多功能收纳

愈是狭小的空间，愈需要提升整体家具、装潢的功能性。图中客厅结合了厨房及文书工作功能，让环境依使用者的需要能做不同的变化。室内主墙以简单线条形塑出功能性平台及收纳柜体，并运用平台整合阅读、烹调、冷藏甚至洗衣功能，平台上方整片木作柜体能容纳被毯等大型物件，烹调区上方嵌入薄形抽油烟机，让此空间具有实质烹调功能。

037

动线 善用廊道角落，丰富空间样貌

家中廊道空间常常被忽略或是成为堆杂物的角落，这里用建立区域功能来思考，依据空间大小规划为展示收纳区，利用旧铁柜、墙面挂架收整平时常用的物品，同时也提升了空间的使用率。此外，角落空间除了展示收纳，加上一盏吊灯与单椅，平时也可以坐下来看看书、喝杯茶，用少样的家具与收纳巧思达成空间弹性变化的可能。

图片提供_彗星设计

图片提供_甘纳空间设计

038

动线 女生都爱的多元收纳更衣间

连接着梳妆区的一旁,是女主人专属的更衣间。采用简约古典风格为主题设计,呈现于玻璃格子折门,订制中岛柜可收纳饰品配件,玻璃台面穿搭更方便,更衣间内针对女主人需求配置多种收纳,使用更弹性。最上端的留白层架设计,考虑女主人有许多精品名鞋,可将部分展示于此。

039+040

动线 刀痕实木复层柜秀出质朴美

为了避免一入门就穿视餐厅,将大门先以水泥地板切出落尘区,接着再利用复合设计的玄关柜阻隔直视目光,将动线引导至客厅。同时运用充满质朴美感的刀痕实木皮包覆柜体,与水泥地板相映出自然的舒适氛围。

设计要点 复层设计增加收纳空间

位在玄关量体颇巨大的收纳柜,特别采用以悬空设计来避免沉重感。而除了正面与侧面具有展示柜及鞋柜的收纳与隔间功能外,特别在鞋柜后方还有复层设计,可拉出式的层板柜也增加了不少收纳容量。

039

图片提供_明楼室内装修设计

040

图片提供_明楼室内装修设计

041

动线 化解柱体并具动线引导的聪明柜

卫浴空间有根难缠的大根结构柱，是空间不方正的主因。为避免压缩使用空间，以弧形圆柜取代全然包覆，不仅降低了柜体的突兀，优雅的扇形柜于整体的古典氛围中有如画龙点睛，也似有区划淋浴池与梳妆区之意。

技巧要点 衣物暂放便于拿取

规划了进入淋浴池入口的扇形柜，采用上半部开放层板、下部有门扇的柜体设计，既可放置盥洗用品也是衣物的暂放区，具有便于拿取的贴心设计。

图片提供_天涌空间设计有限公司

042

动线 化繁为简衣帽间也可以不杂乱

图中为衣帽间，却将所有衣柜作密闭式门板设计，让空间不致凌乱外露。特别设置化妆台及穿衣镜，让梳妆、打扮、更衣在这空间中一步到位。值得一提的是方形镜子旁特别嵌入小圆镜，可伸缩式支架提升使用及收纳的弹性调配。

技巧要点 卫生纸卷心将袜子好好收放

袜子属面积较小的衣物，在大型衣柜中要成双成对摆放且整齐易找，成了收纳的大考验。不妨利用厕所用纸的卷心，将袜子塞进硬纸卷心中，可按色系或长短一卷卷排入抽屉中，不但好找好放，更能整齐美观节省空间。

图片提供_天境设计

图片提供_明楼室内装修设计

043+044

动线 打开门板整个房间都是更衣室

全开放式更衣间设计造就了超大木门的主墙视觉，而且大片的推拉门配合内部一字形的衣柜空间规划，只要打开门板即可让整个房间成为更衣室，所有衣物一目了然方便拿取。

设计要点 更衣室化作抚慰心绪的主墙

为营造纯粹木感的生活空间，在卧房的地、墙面采用了多种鲜明纹路的木材质，颇具有抚慰心绪的疗愈效果。尤其在更衣室采用一字形的衣柜式设计，借由两大扇木造门墙来展现空间主题与温暖质感。

045

046

动线 从小养成良好收纳习惯

为了从小教育孩童收纳的习惯，也便于将孩子的衣物玩具集中收纳，在小孩房设置专属更衣室。缩小版的更衣间强调功能规划，导入弹性活动的层板设计及预留多功能吊衣杆，能随着孩子的年纪成长调整更衣室的收纳配置。

设计要点 小孩物品集中收纳释放更多活动空间

物品在更衣室中集中管理，反而少去箱箱柜柜，能释放更多活动空间。小朋友的更衣室规划着重重点收纳功能，尚不需引进双排柜，也仅做一面柜的规划。

046

图片提供_天涵空间设计有限公司

045

动线 引窗入室，独立更衣室明亮不压迫

充分发挥主卧的格局条件，将一扇窗规划入更衣室，并直接让柜体区划使用地域，充分利用空间不浪费，配合不同收纳用途规划深浅不同的高低双面柜，提供使用者弹性运用空间。更衣间门板结合全身镜，不仅实用还放大了空间，化解了更衣室的狭长感。

设计要点 两用系统柜效率治装

利用双面系统柜为卧房打造独立更衣室，善用系统柜多元的收纳构件，整合抽屉、试衣镜、吊衣杆、领带格抽等，能够迅速将衣物分类、定位，有效地完成外出着装。

图片提供_天涵空间设计有限公司

047

动线 拉长灰色吊柜比例，厨具超美型

开放式厨房连接着中岛吧台与餐桌，左侧电器柜收纳着电饭锅、微波炉
等家电必需品，使用操作上顺手方便。厨具吊柜刻意拉长高度比例，配
上灰色烤漆色调，整体更有质感也有放大层高的效果。电器柜最下层以
抽拉托盘设计，适合摆放有蒸汽的电饭锅和热水瓶。

047

图片提供_甘纳空间设计

独立收纳・动线

图片提供_彗星设计

048

动线 用局部隔间整合厨房、吧台、玄关功能

位于入大门侧边的开放式厨房，考虑到风水问题，利用局部隔间方式规划高柜收纳冰箱，下方设计收纳矮柜以增加厨房收纳需求，矮柜外侧以花砖增添整个区域的特色。延伸连接的吧台不仅可以用餐，并能放置厨房电器，而隐藏冰箱的高柜外侧也可当作留言板使用。

049

050

图片提供_相即设计有限公司　　图片提供_相即设计有限公司

049+050

动线 鞋柜收纳再进化

为了顺应庞大的鞋子收纳量，除了既有的空间规划之外，也增设了拉柜的设计，以前后空间对应的配置，配合可以左右滑动的柜体，增加了将近1.5倍的收纳空间。鞋子的收纳柜深度大约需70厘米，若搭配额外的鞋架层板则可再营造约多一倍的收纳空间。

图片提供_协特室内设计

051

动线 收纳依习惯配置更为顺手

此为女主人专用更衣室，期盼如百货陈列般的方式。风格延续维多利亚调性，运用线板喷白搭配粉紫色壁面刷漆，营造古典味道。吊挂、抽屉的收纳动线则是完全依据女主人习惯所配置，使用上更为顺手。最外侧的柜体规划了挂钩，主要收纳丝巾、皮带配件，搭配时也较为方便。

053

动线 走道式更衣间，动线好流畅

利用通往卫浴的走道两侧规划开放式更衣间，动线上更为流畅方便。此外，设计师也根据户主的衣物配件需求，配置开放、滑门、层架等不同形式的收纳设计，一格一格的区块可直接放置收纳箱做物品分类，让空间常保整齐。

设计要点 浅色系避免空间压迫

选用浅色系木质打造衣柜，避免空间过于压迫，与木质地板色调十分和谐搭调，让本来不大的小空间也能呈现被扩大的视觉效果。

图片提供_甘纳空间设计

052

动线 沿柱体分区收纳

在300多平方米的大空间居家中，有富裕的空间配置，在主卧另设约6平方米的更衣室，完善良好的寝居功能。顺应中央一道柱体区分男女主人的专用空间，分区分类的贴心设计，创造流畅的收纳动线。深木色的选用，充分展现沉稳暖调的空间氛围。

技巧要点 直觉式着装路线

沿柱体设置抽拉柜，专门用于放置饰品、皮件等，双层的抽拉设计加大了收纳容量。换洗衣物放在靠门的位置，左边层板则是包包的专用区。

图片提供_明楼室内装修设计

054

动线 橱柜分列两侧保住自然采光

为规划出女主人希望的独立更衣室设计，先以镜面拉门隔
开更衣室与卧床区。考虑到更衣室空间足够，故再区分出
临窗的化妆区与复合式橱柜，其中分列二侧的储柜可避免
阳光受到柜体阻挡，而窗台下则只以斗柜作收纳设计。

055

动线 贴心满足试衣间的每个需求

此为主卧床头背后的试衣间，80厘米深的空间中其实面
积并不大，因此四面墙皆设置挂架。采取开放式衣物收
纳，空间中放置多功能抽屉柜，用以收纳贴身衣物。桌面
格状空间利于领带或首饰、手表收纳，右边平台适合摆放
各式包包物件。天花板间接灯光设计让小空间照明不至于
过于刺眼，而是接近自然光的光感，可避免衣服色差。因
试衣间并非开放式空间，整体以实用为主，省略不必要的
装饰，素净的白墙搭配天然木质地板，若衣物不多，也可
成为宁静清爽的独立空间。

图片提供_白金里居室内设计公司

图片提供_相即设计有限公司

056

动线 **跳色置物柜的设计巧思**

位于沐浴动线的开放式更衣室，置物柜特别以胡桃木色跳色区隔。除了可以区分出男女主人的放置空间，也可摆放较常使用的物品以方便拿取。而对于可能容易健忘的长者来说，以颜色区隔也能方便记忆，是颇具巧思的收纳规划。

057

动线 **连接卫浴间的小更衣间**

主卧房内考虑动线的流畅度，利用通往卫浴的过道规划小型更衣间。白色墙体后具有拉门，让空间可弹性开放或封闭，如此一来也能有放大延伸的效果。在材质的选用上，大量的钢刷梧桐木配上沉稳的墙色，打造有如森林系的居家。更衣间上端以开放形态规划，便于摆放如棉被或是使用频率较低的行李箱。

图片提供_大湖森林室内设计

058

动线 中岛柜界定男女主人各自领地

更衣间不再是女主人的专属空间，其实许多男主人也需要有独立收纳柜来放置心爱衣物。因此在规划这间独立更衣室时特别以一座中岛柜作空间分区的定位点，让男、女主人的衣物可以各自分类归放。

技巧要点 中岛加设格子柜选戴饰品更方便

除了楚河汉界般地将男女主人的衣物分类收纳，独立的中岛专柜式柜体，加上两侧的木纹门柜与大镜面设计，让更衣室有如精品店般精致优雅，而中岛柜体上层加设的格子柜则让主人选戴手表与饰品时更方便。

图片提供_明楼室内装修设计

059

060

图片提供_甘纳空间设计

图片提供_甘纳空间设计

059+060

动线 女孩房也有小小更衣间

谁说小孩房就不能有独立的更衣间！设计师利用修饰建筑柱体所产生的空间深度，创造出小小更衣间。内部一侧为开放式悬挂衣物，另一侧则是抽屉与层板的组合，让小孩房也能拥有丰富的收纳功能。而更衣间内的走道深度为45厘米，对小朋友来说刚刚好，也能满足基本收纳需求。

061

图片提供_明楼室内装修设计

061

动线 缤纷亮眼的更衣化妆区

私密的化妆更衣间设计重点在于配合主人的使用动线与习惯，而局部开放柜设计可方便快速拿取，至于门柜的规划则避免杂乱感。另外，配合亮眼色调的壁纸也可以映照出更红润的脸色，让化妆的心情更佳。

技巧要点 考虑习惯让所有物品定位

在双排柜除了有包包与收纳盒专属的层板区，同时也考虑户主习惯依长大衣及短外套作分区收纳。至于私密物品或者较琐碎的杂物则可放置斗柜收藏，让所有物品都可定位，空间就不易显乱。

图片提供_白金里居室内设计公司

062

动线 宽敞舒适又具收纳的玩乐空间

既想给孩子能畅所欲玩的专属玩乐空间，又想保持孩子窝的整齐清爽，这里的隐藏式收纳空间，是两全其美的设计。设计师特别将卧房内游戏室架高，运用明亮的白色系墙面与木色房间作区隔，充分突显空间独立性。玩乐区域中特别设计与墙面同色的隐藏小储藏室，虽然空间不算大，却有层板能容纳大中型电器及装箱玩具杂物，也能帮助孩子养成玩乐完毕随手收拾的自主习惯。

064+065

动线 更衣室聪明运用转角空间术

善用26平方米卧房的条件额外规划出一间独立更衣室。但由于更衣室在进门处，入门后势必产生一条走道，为避免造成拥挤感，走道一侧的立面使用反光与穿透材质，以墙面虚化的手法，化解进入房间后面对一堵墙的局促感，玻璃门板也造成走道拓宽的错觉。更衣室内是ㄇ字形的系统柜，必会有转角运用的问题，通过内外拆分的方法将转角空间分别规划床头收纳与化妆台置物两种用途，不浪费分毫。

063

图片提供_筑青室内装修有限公司 064

065 图片提供_筑青室内装修有限公司

063

动线 利用动线让空间重复利用

将属于主卧的衣柜以及书房的衣柜打通整合，并且跳脱传统木制柜体、桶身的做法，以储藏室的概念规划这处位于主卧与书房中间的衣物收纳区。动线重复利用的做法能够节省板材厚度的空间，还给屋主储物收纳。

设计要点 柜子两座变一座，弹性多功能的创意收纳

没有桶身的两排衣柜以立柱五金为主要架构，同时保留出入通道提升拿取衣物的便利性，搭配层板与抽屉提供完整衣物收纳空间。面向书房的下方区域则刻意留白，依书房收纳需求弹性运用。

图片提供_日和设计

066

动线 以精品展示概念打造更衣室

过道主卧与卫浴间之间的穿衣空间以白色喷漆边框加上半透明灰玻璃，
打造出衣柜门板，而衣柜内除了吊架设计之外，也设置了层板和抽屉，
加上灯光的运用，打造出有如精品柜般的陈列空间。

设计要点 半透明门板方便着装

半透明灰色玻璃设计，让衣柜内的衣物不致因门板过于透明显得零乱，
但又能看见衣柜内吊挂的衣物以方便寻找。

066

图片提供_伊太空间设计事务所

067

068

图片提供_光合空间设计

图片提供_光合空间设计

067+068

动线 无压力的漂浮感收纳柜体

卧房，在居家空间中属于最能放松身心、提供休憩的一方天地，简单舒适的格局才能回归人们对睡眠空间的原始需要。此卧房将容易堆积衣物的区域通通容纳于一角的衣帽间中，推拉式门板省去开关所需的空间，并于门板上下端配上强化灰玻璃，让空间有延伸性的视觉效果。

设计要点 天地光源呼应营造轻巧效果

房中墙面底端皆设有光源，与天花板嵌灯相呼应，不仅制造柜体的轻巧效果，降低光线直接散射，更能增加室内温暖宁静的氛围。

图片提供_伊太空间设计事务所

069

动线 半穿透式更衣间设计

卧房内设计了半穿透式的更衣室空间，墙面的最右边是门板。以灰玻璃加铁件的做法，打造出更衣室的门板，在不开灯时能营造出略为隐蔽的更衣空间。床旁边也摆放了灰玻璃面的斗柜，能方便清楚看见随手摆放的物品。

070

动线 全家收纳都在这

小面积要怎么做最大的运用？整合玄关柜、衣柜、电视柜、书桌的功能柜体，从玄关卧榻穿鞋椅到电视柜、衣柜一体成形，悬空设计并设置向下间接灯光，令视觉感到轻盈。中间一抹茶色镜墙不仅具有空间放大效果，也为简单的木质柜体平添设计感。

图片提供_虫点子创意设计

071

动线 独立的更衣室空间

卧房内的独立更衣室空间，背板以黑色镜面玻璃打造，铁架可用来吊挂衣物或围巾。而第一层抽屉的面板是深灰色玻璃，方便寻找摆放的物品，也具有防尘的功效。下方打光的空间则可摆放鞋盒，盒子可贴上照片方便辨识鞋子。

图片提供_伊太空间设计事务所

072

图片提供_虫点子创意设计

073

图片提供_虫点子创意设计

072+073

动线 整合柜体让空间效率发挥最大

小空间要如何做有效的最大利用？一般我们总会为
了希望能收纳更多而做一堆柜子，但殊不知空间就
这样被消耗了。将全家的柜子集中，冰箱柜、储藏
室、书柜、鞋柜都整合在同一个墙面中，不仅动线
更顺畅也能让空间效率发挥至最大。

技巧要点 储藏室的万用收纳

不管空间多小都应该设计一个储藏室，可以放大型
的电器用品或是行李箱，并运用层板将常用物品收
好，不常使用的家用电器具等则收在箱子中堆放。

独立收纳重点提示

074
提示 独立更衣室可采用开放层板设计

更衣室应以需求习惯和衣物种类来规划配置。如果是独立式更衣间，可采用开放式设计便于拿取衣物，而在转角L形区域则建议采用U或∏形的旋转衣架，增加收纳量且还能避免开放式层板可能造成的凌乱感。

075
提示 更衣室依照使用频率、重量、用途细分才好用

更衣室中的衣物收纳原则，需考虑重量与拿取便利性，最常穿的衣服放中间层，较重的裤子、裙子挂于下方，换季才会使用的棉被则放最上层。此外，也可将衣物分成使用中与清洗过两类，更方便收放和拿取。若是空间许可，内衣裤、居家服、睡衣及浴袍等，可放在离浴室较近的衣柜里，与外出的衣服分开放置。在设计衣物收纳柜时，也可以掌握这个原则，来进行柜体的设计。

076
提示 储藏室以仓储概念分类放置

放进储藏室的物品当然也要做好分类，因为已经有门板，并不需要再多做柜子，可利用能调节高度的活动层板设计，视物品尺寸调整高度、分层收纳。常用的放中间层，越少使用的放越上层，除湿机、吸尘器等家电则放在最下方，方便拿取使用。

077
提示 储藏室深度以70厘米为最佳

储藏室并不是杂物间，所以不是越大越好，空间大小以人不用走进去就能取得物品为佳。因此深度不能太深，大约70厘米最好，可采用层板放置物品，不常用到的摆在上方或下方，常会使用的靠中间层放置。

078
提示 依尺寸收纳行李箱

使用几率低的中小型行李箱、登机箱，建议可以直接放在衣柜上方就好。但若行李箱使用率高或是70多厘米的大型行李箱，则多建议直接放入储藏间或衣柜下方等便于拿取的位置。

079
提示 储藏柜身兼储藏室功能

想要有一个完整区域专门收纳所有物品，并非得要做一间储藏室才行，可从畸零或过道处找空间，用木作规划一储藏柜，再结合门板设计，小环境变得完整，也兼具储藏室功能。

080
提示 顶上空间的换季物品收藏

储藏室、更衣室或是挑高空间上方可以不做到顶，深度做45～60厘米，可平稳置放如换季被子、行李箱等平日不常用的大型物件。

081
提示 独立收纳开放层板结合收纳盒

因居家用品大小不一，如储物间是密闭式，建议可直接采用开放式系统层板。除摆放物品大小较没限制之外，怕灰尘或较少用的物件可放置于塑料收纳盒内，亦有利降低系统柜设计费用。

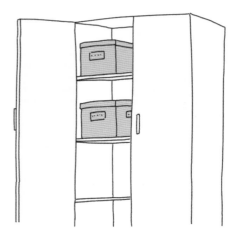

插画_黄雅方

二、

隐藏收纳

不想让杂物影响居家美观，就选择把东西藏起来吧！

拥有门板的收纳柜是好选择，

而特殊的五金则可以让收纳拿取更为方便！

082

概念 **不顶天设计**

一整片的收纳柜，容易让人感到沉重，不顶天的设计，让上方留出空间，也让隐藏收纳更有喘息之处。此外，这样的设计也考虑到超过180厘米以上的收纳空间是难以不靠垫高方式拿取物品的。

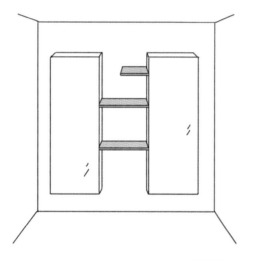

插画_黄雅方

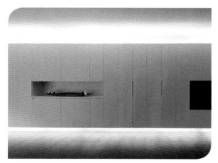

图片提供_相即设计有限公司

083

概念 **淡色或跳色处理**

深色容易让空间感缩小，感到有压迫感，尤其当一整面墙的收纳皆以深色处理，感受到的将不是稳重而是沉重。改用淡色或是深浅交杂并与周边空间色系搭配，将能使小空间放大，并让设计感更为突出。

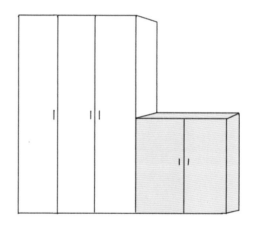

插画_黄雅方

图片提供_馥阁设计

084

概念 **内凹隐形把手**

运用门板的隐藏收纳空间，让杂乱的物品藏在视觉看不到之处，保持设计的美观。突出的手把，则让意图隐形的柜体化为有形，使用内凹把手即可让隐藏收纳更为全面。

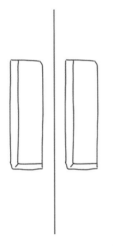

插画_黄雅方

图片提供_馥阁设计

085

概念 **有收有藏**

把一屋子的杂物集中隐藏的收纳空间，反而因为一整面的设计形成一堵墙，让原本的空间挤压，将展示与收纳结合，使其有收有藏，令空间利用更为立体与多元。

插画_黄雅方

图片提供_Z轴空间设计

086

086

门板 隐形柜体让空间更清爽

此为安排于客厅的顶天立地大型柜体，呼应地板及墙面色调，选用象牙白橡木作为主要材质，让整体空间显得清爽。柜内空间宽敞，层板高度可弹性调整，适合摆放棉被、枕头等大型寝具，也可收纳吸尘器、电风扇、除湿机等电器，完美地将杂物收纳于柜门之内，保留外部线条与空间的简约。特别在下方区域作一镂空平台设计，中央处摆置暖炉，同一立面并规划了音响、装饰物的陈列，让整片收纳墙面多了轻盈而富有设计感的视觉空间。

087

087

门板 白色烤漆呈现拉长延展效果

主卧房内为了给予使用者放松静谧的休憩氛围，占据最大比例的柜体立面以白色烤漆处理，仔细拿捏线条的分割比例，让屋子有拉长延展的视觉效果，空间感变得更好。床尾处的衣柜主要收纳夫妻俩的衣物，上端空间则可储放使用频率不高的生活物品。

图片提供_Z轴空间设计

088

门板 净白利落的电视功能柜

温润厚实的木作空间中，与之对应的是纯净洁白的电视墙。将电视内嵌，与柜体融合一体，一物两用的多功能设计，有效节省空间。同时在柜面切割出线条作为柜门，暗把手的设计，呈现完整的立面，还给空间利落感。柜体总长130厘米，深度50~60厘米，适宜收纳各种杂物。

089+090

门板 以床背柜增加收纳空间

此间小孩房床背柜采用上掀门板设计，除了增加收纳空间外还可用来补足床头柜的功能，可用来收纳换季棉被等较不常使用的物品，其上也可放置卫生纸等日常生活用品，而床边的灯可以拉取调整当做阅读灯。

技巧要点 小孩衣柜不需特别定做

小朋友长大速度很快，因此并不需要为现阶段特别设计，以免长大无法延续使用。建议以一般尺寸制作即可，内部以活动式层板或抽屉方便未来调整。

089

图片提供_相即设计有限公司

090

图片提供_相即设计有限公司

091

图片提供_大湖森林室内设计

091

门板 柜体化为墙体，修饰不良结构

虽然是新房，然而一入门左侧即面临凹凹凸凸不规则的结构状况，困扰着户主。设计师顺势以错层规划的白色柜体安排，巧妙修饰墙面的落差，也带来丰富的收纳功能。白色立体状柜体除了呼应北欧概念外，亦有柜体墙面化的视觉效果。

技巧要点 外出用品收于玄关

侧穿衣镜内为独立储藏室，方便屋主回到家直接将高尔夫球杆、行李箱收纳于此，左侧白色柜体则是户主需要的资料夹柜。

092

门板 无把手设计将柜体化为无形

3平方米大小的玄关里的鞋柜设计给予空间拥挤感，通过无把手的隐藏收纳将柜体化为无形。门板的沟缝横竖交错的线条降低了杂乱无章的视觉观感，而底下悬空埋入间接灯光的设计更是制造悬浮效果，让高柜如漂浮般轻盈。

设计要点 创造不压迫的大容量柜体

玄关鞋柜通常以大量收纳为诉求，考虑精巧适中的玄关不宜有过大的收纳柜，柜设计了置顶到天花板的加大收纳量，也将部分收纳转移置入内后的收纳柜。

092

图片提供_大器联合建筑

093

094

图片提供_馥阁设计

图片提供_馥阁设计

093+094

门板 浅色门板与木地板相互呼应

此为卧房一进门后的一个长形走道，因为其深度够，配合浴室与衣柜的动线，在这里设置了梳妆台并形成了一个小小的穿衣空间。木作门板设计让化妆用品藏于其中，不让瓶瓶罐罐干扰整体设计。而浅色木作与地板互相呼应，让视觉更为一致。

风水要点 滑轨镜聪明化解风水禁忌

开门见镜是风水的忌讳，作居家收纳设计时，也应考虑到传统习俗。本案一进到到底即为梳妆台，镜子做成滑轨式藏于衣柜旁，将风水禁忌漂亮化解。

图片提供_相即设计有限公司

095+096

门板 小孩房的缤纷收纳

小孩房的门板上作了圆点装饰，门板上的橘色也暗示拉开柜子后所见的色调。拉门里的橘色空间规划为书柜和书桌，因为小孩处于学龄前，故平时将桌子隐身于内。

097

门板 隐藏式门板的空间区隔

白色墙面的四片门板，有三面是衣柜、一面是通往厕所的走道门，是典型以门板作为空间规划的手法。衣橱内以吊挂收纳为主，并无另外设计抽屉，因此在床旁边的空间摆放了90厘米高的斗柜以增加收纳功能。

技巧要点 全吊挂衣物收纳数量最多

经过统计，衣柜内不另外设计抽屉，而全部以吊挂的方式呈现，是收纳衣物数量最多的规划。此处的衣柜便以此为概念增加收纳空间。

图片提供_相即设计有限公司

图片提供_明楼室内装修设计

图片提供_明楼室内装修设计

098+099

门板 微风曲线整合多元收纳设计

通过木皮喷白的墙面材质，以及微风般的柔美曲线设计，完美地营造出住宅的清新氛围。从玄关区拉出式的透气鞋柜，到主卧门板、层板收纳柜，以及客厅的隐藏式电视、电器柜，完美的设计将所有空间的功能都收纳进美白墙面中。

100

图片提供_相即设计有限公司

100

门板 细节完整的收纳规划

以隐藏式门板分割空间规划，右边空间是独立收纳的置鞋间，中间是客房，左边则是客厕。墙面完整具备一致性与延续感，连电灯开关都以喷漆处理让整体感更为完整。除了收纳空间规划之外，对于细节打造也颇为讲究。

101

101

图片提供_甘纳空间设计

门板 双层衣柜设计，一个抵二个

设计师利用深度争取收纳容量，以双层衣柜的方式作为规划，比起一般衣柜能放得更多，搭配上白色大拉门设计，小空间清爽无压。双层衣柜前排设计为悬挂衣物，后排则是层架可放置折叠类的衣服，贴心的灯光设计也是必需的，找衣服更方便。

102

图片提供_大器联合建筑暨室内设计事务所

102

门板 门缝化为造型，活用电视墙的隐藏柜

善用客厅深度足够的先天条件，让电视墙除了吊挂电视的功能外，还有收纳储物的用途。在电视周边嵌入收纳柜，以隐藏收纳方式维持空间的简洁质感。柜墙除木材质外，白色喷漆面呼应空间的简洁，借复合式材质交叠出更细腻的视觉享受。考虑收纳的多元性，电视柜墙除了立面的五道开门式收纳外，底座拉出台面赋予抽屉收纳与台面置物的功能。

103

门板 无门把设计，线条干净利落

位于挑空二楼的客餐厅面积较小，同时又有梁柱的畸零空间。因此规划开放通透的客餐厅，使空间不显狭隘。并利用梁柱的深度设计电视墙和餐柜，柜体门板皆使用无门把的设计，展现利落干净的立面线条。

设计要点 依据家中物品测量尺寸，每个空间都好用

餐柜的深度约为50厘米，方便放入大型餐盘、食谱等；而右方电视墙的开放式机柜深度约为40厘米，适合一般的视听设备摆放。

103

图片提供_Z轴空间设计

104

105

图片提供_甘纳空间设计

图片提供_甘纳空间设计

104+105

门板 双层式衣柜，衣服分类更好拿

主卧房可规划衣柜的空间深度1.1米、宽2米，规划一般衣柜显得太压迫也太小，于是设计师采取拉门式衣柜概念，最内层40~45厘米深度作为层架、拉篮、抽屉，最前端则是吊挂衣物为主。只要将吊挂衣物往另一侧移动就能拿取折叠衣物。

106

图片提供_明代室内设计

106

门板 隐藏无把手设计减少柜体印象

"形随功能而生"是现代设计最高准则。整个玄关高柜除了提供大量收纳功能外，在门板上则采用无把手设计来减少柜体的印象，展现出墙面感。并且在工法上讲究精准与细腻度，搭配银狐石包框的展示柜更提升了质感。

设计要点 净白玄关门柜作为餐厅主墙

从大门进入后为了满足鞋物收纳而规划了高柜区，但因进入室内紧接着就是餐厅，担心位于动线上的餐厅有不安定感，刻意将墙面式的玄关柜与餐桌、吧台抓在同一轴线上，展现了定位效果，至于左侧层板柜则是走道端景柜。

107

图片提供_相即设计有限公司

108

图片提供_相即设计有限公司

107+108

门板 切割的细节巧思

电视柜的隐藏式收纳设计，可避免电线外露并增加视觉上的美观。而门板也根据音响尺寸切割出一个窗口，可省去使用前还需特地打开门板的麻烦。此外，收纳柜的分割线也与左边隐藏门一致，当收纳柜门关闭时的整体感也很完整。

技巧要点 随手整理看得见的杂物

音响旁的狭长空间可用来收纳音响设备，其他空间可用来放置报纸、信件等客厅杂物，不仅增大了抽屉不多的收纳空间，常用的物品也能好收好拿又便于随手整理，不会因为收到看不到的地方而被忽视。

109

门板 不同开启方式诠释相异功能

左侧展示柜采用折门形式，可弹性选择开放或是关起，贴饰黑色壁纸的右侧柜体，则是对开式门板。在一片黑之中以不同门板诠释相异功能，令视觉富有变化。此外，三种不同质感，包括带有线板效果的黑色壁纸、黑板漆，以及染黑木皮，让黑具有质感上的差异感，而黑色亦可淡化电视荧幕的存在感。

109

图片提供_甘纳空间设计

111

门板 架高地板，创造多功能收纳

重新规划40年老房子的格局，沿斜墙分割出三角畸零空间，作为多功能室使用。木地板架高，下方开辟收纳储物区之外，还设置可收拉的和室桌，作为品茗、阅读之用。储物区的门板则用按压把手，按压时就能提起门板，平常也能维持平坦的地板表面。顺应家有幼儿的需求，墙边设置矮柜方便儿童拿取，约35厘米的深度，可收纳画具、童书和玩具等物品。

111

图片提供_漫舞空间设计

110

110

门板 改用拉门，避免开门的碰撞

沿梁柱设置高柜作为鞋区收纳，顶天的高度，借此扩大了收纳空间。柜面以深绿铺陈，是满足户主希望迎入户外绿意的初衷。同时设计穿鞋椅之余，也贴心在椅下设置柜体。拉门开启的方式，可避免开门的旋转半径碰撞，即便坐在上面也能拿取自如。

图片提供_漫舞空间设计

图片提供_天涵空间设计有限公司

112

门板 天壁同阵弱化墙柜沉重感

从客厅至餐厅运用一整面柜墙整合各种功能，连贯又区划两个空间，从平台转而伸出的小吧台划出界线，也善用下方空间做收纳。同时将屋主的收藏分门别类收纳于墙面，结合门板柜形成既展现又内敛的居家背景。

113

门板 整合柜体形成一完整立面

整合电视主墙与鞋柜，形成一个完整的立面，让空间干净整齐。电视下方空出台面放置视听设备，并加上开放式层架摆放喜爱的摆饰品。整体空间以屋主喜爱的白色为主调，为了避免过于冷冽的设计，利用下方的深色柚木抽屉，增添温暖的木质氛围。

113

图片提供_杰玛室内设计

114

114

门板 藏了一个密室在衣柜

卧房内的大干木拉门式衣柜，其实是这里的超级魔术收纳空间。设计师将客厅与卧房中间的无间地带，作成160厘米深的双面巨型收纳置物空间，朝向卧房的为大型衣柜，里面附有照明灯让使用者便于寻找衣物，靠墙的门内空间则为主卧内的半套卫浴间。收纳置物间的另一面为客厅书房背墙的大型置物柜，80厘米深的空间可摆放各式家电用品及数个行李箱，收纳量惊人。

图片提供_白金里居室内设计公司

115

图片提供_明代室内设计

116

图片提供_明代室内设计

115+116

门板 运用门板让视觉简化

整个门板的设计除了着重于双色木皮搭配外，线条的倾斜角度与层板柜则带来视觉的变化感。此外，浴室门因与衣橱宽度不同，恰可利用层板柜来调整尺寸。而与天花板等高的门板设计也有助于视觉简洁化。

设计要点 掩藏于装饰墙内的厕所门

套房式规划的主卧最常遇到的问题便是厕所门难以避开，为了解决此问题，设计师利用衣柜的门板设计以及开放层板柜的虚实搭配，使卫浴间的门板融入整体画面之中。

117+118

门板 细长黑铁把手画龙点睛，藏得不单调

运用系统柜打造的鞋柜原本应该少了点变化，但设计师舍弃系统柜附加的元件，依照柜体比例设计出细长的黑铁烤漆做把手，与门缝形成一直线仿若立面造型，通过把手巧思搭配悬空设计，为鞋柜转型变身同时也隐藏了柜体的身份。

技巧要点 善用层板提高鞋子收纳量

善用系统柜的优势，依照鞋子的高度规划每一层的隔板间距，12~18厘米之间可以提高收纳量。摆放时可将男女鞋分层放置，例如：低跟的平底鞋或童鞋可放在12厘米高层架；高跟鞋则放在18厘米高层架；而一般便鞋则可放在15厘米的层架上。

117

图片提供_日和设计

118

图片提供_日和设计

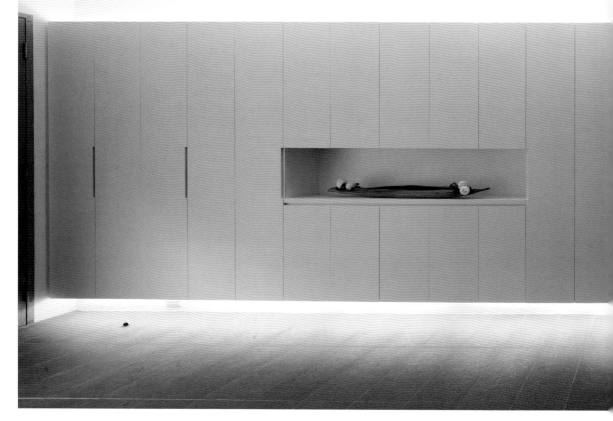

119

门板 不顶天立地减少压迫感

从电视墙旁开始延伸的收纳柜，凹槽设计以方便打
开门板。上下拉灯带的设计让视觉上具有飘浮感。
不顶到天花板和地板的柜子设计，则避免了巨大柜
体可能形成的空间压迫感。电视的背后是另一间房
间的收纳柜，做足了空间里每个部分的收纳细节规
划。

120

门板 格状展示柜，散发复古美感

餐柜在实用之余，也可以很有美感。作为展示杯
子、收纳书籍的收纳柜，以木作喷黑做出格状门
框，带出造型的独特性，加上门板特意选搭清玻
璃、长虹玻璃交错搭配，柜体内不忘贴皮细节，让
整个收纳柜质感、精致度大为提升。

图片提供/甘纳空间设计

图片提供_相即设计有限公司

121

图片提供_薇阁设计

121

门板 木质门板内整合投影设备与客厅收纳

拥有两面良好山景视野的客厅，为了不让电视阻挡了其中一面而使用投影银幕，令平日生活被绿意环绕。沙发后方温润木质门板柜体整合投影设备与客厅收纳，活动层板可自由调整收纳空间。

设计要点 视听柜宽度至少60厘米

市面上各类影音器材的品牌、样式相当多元化，但器材的面宽和高度却个会因此相差太多。视听柜中每层的高度约20厘米、宽60厘米，深度在50~60厘米，再添入一些活动层板等，大多数的游戏机、影音播放器等都可收纳了。

122

122

门板 饶富趣味的把手衣架

衣柜门板上看似装饰意味浓厚的长形、方形、圆形造型，令单调的柜体有更有趣的呈现，其既是把手也是衣架，兼具实用与趣味的功能。

设计要点 化妆台隐身衣柜，凌乱看不见

主卧房中配置4组构成的大面衣柜，除了可以收纳夫妻俩的衣服之外，其中最右侧门板打开后更是女主人的化妆台、包包柜，开放层架收纳包包。左侧下方的抽屉则摆放保养品与彩妆用品，满足衣物与饰品收纳需求。

图片提供_甘纳空间设计

123+124

门板 茶镜门板扩大空间感

升降桌旁的储藏柜门板以茶镜打造，形成扩大空间感的效果。此处的收纳空间规划用以收纳棉被、床单等寝具用品。

设计要点 以升降桌增加空间运用

在室内中央设置升降桌，平时不使用桌子时可作为客房用途，当友人来访则可以将桌子升起，方便打牌或聚餐。床的后方也规划了一个小型阅读区，∏形挡板既可独立出书桌区块，也让整体空间更有层次感。

图片提供_相即设计有限公司

图片提供_相即设计有限公司

图片提供_Z轴空间设计

125

门板 体贴女性的专属化妆桌

特别于卧寝空间打造女性专用的化妆桌，将常用的保养品、化妆品通通纳入一侧的三层抽屉。各层高度的设定则是精心安排的设计，让不同尺寸的物品都能各有所归地完美摆放。而抽屉正面留出孔洞，一方面有通风效果，另一方面也作为抽拉把手使用。

设计要点 不同高度适应各类保养用品

抽屉内层从上到下的各层高度分别为20、20、35厘米，能适应各类化妆品、保养品高度。同时设计8毫米的压克力挡板，防止物品坠落。

126

127

126+127

门板 进化版的收纳需求

此处的收纳空间运用得很彻底，除了最下方放置重低音喇叭外，上方则以平板抽的方式方便拿取遥控器等物品。右边还有一扇隐藏式门板可摆放多功能机，是针对不同的电器收纳所做的设计。

技巧要点 电器用品事先丈量

在设计柜体之前应事先丈量所需要的尺寸大小，最下方放置重低音喇叭处约50厘米，平板抽层架可摆放遥控器或DVD播放器，隐藏门板内也可以放置多功能机。

图片提供_相即设计有限公司

128

图片提供_天境设计

128

门板 斜角展示柜，让展示物更吸睛有料

孩子游乐活动房，除了提供宽大的架高地板区隔出活动区域外，此范围约有1双人床+1单人床面积，可弹性作为和室房间，提供多人睡卧之用。近窗边的衣柜标准深度60厘米，近门边的落地书柜标准深度为30厘米深，而衔接书柜与衣柜处则特别以20厘米落差设计开放式的斜角展示柜，让陈列更具设计风格。不妨以柜位区隔摆放物件，斜角柜展示效果，高处可陈列展示品，较低处则可摆放孩子的各种玩偶收藏品。近门边的大型柜上方开放层架可摆置书籍，密闭柜和下方抽屉则可充分利用，容纳各种杂物。

129

门板 无门把设计，线条干净利落

位于挑高二楼的客餐厅面积较小，同时又有梁柱的畸零空间。因此规划
开放通透的客餐厅，使空间不显狭隘，并利用梁柱的深度设计电视墙和
餐柜。柜体门板皆采用无门把的设计，展现利落干净的立面线条。餐柜
的深度约为50厘米，方便放入大型餐盘、食物等；而右方电视墙的开
放式机柜深度约为40厘米，适合摆放一般的视听设备。

图片提供_Z轴空间设计

130

图片提供_相即设计有限公司

131

图片提供_相即设计有限公司

130+131

门板 薄片石板增加收纳美观

电视柜采用隐藏式收纳，左边靠近入门处规划成鞋柜，右边则可放置书和CD。下方留了一条光带，以灯光投射搭配空间摆放展示品，让此区块兼具实用和美观功能。而电视上面的灰色门板，是仅有2~3毫米厚的薄片石板，这种新科技材质的表面材料也丰富了装饰的选择性。左边鞋柜单层高度33~35厘米，可容纳大部分的鞋子尺寸；而摆放书籍和CD柜体深度则约25厘米。

132

门板 大尺度滑门避开穿堂煞

为客厅保留旧窗增加采光与对流，必须融合旧窗与收纳展示的背墙设计，采取四等分的比例分割。中间两等分融为一体，达到左右平衡的视觉效果。同时以两扇大尺度滑门避开穿堂煞，借由开关变化展演不同的柜墙表情。

设计要点 上方藏灯展示下方实际收纳

墙面的收纳设计以沙发为分界，上半部具有展示作用而以层板藏灯打造展示平台，下方因有沙发遮掩而以实际收纳为考虑，设置门板储物柜。

132

图片提供_大器联合建筑暨室内设计事务所

图片提供_拾雅客空间设计

133

门板 打破封闭感受，让柜体也具穿透感

考虑户主担心柜体过大带来压迫感，因此柜体位置安排在
梁下位置，在减少空间浪费的同时，也顺势弱化柜体存在
感。门板则采用夹纱玻璃拉门取代一般门板，特殊编织而
成的金纱，让玻璃拉门拥有适当隐秘性且更具设计感。另
外在衣柜里安排灯光，发挥玻璃拉门穿透特性，赋予门板
更多丰富的表情。

134

图片提供_虫点子创意设计

135

图片提供_虫点子创意设计

134+135

门板 直横纹路让视觉效果更有变化

为了不让电视放入衣柜内而使收纳空间被浪费，因此在外
做了外挂电视拉门，不仅让衣橱得到最大利用，也让电视
能随着阅听者的视线移动位置。而系统衣柜门板与电视拉
门门板纹路呈不同走向，让视觉效果更有变化。

图片提供_相即设计有限公司

136+137

门板 隐藏式冰箱的设计

厨房内的冰箱以隐藏收纳的方式，搭配木作柜门板呈现，优点是美观且不占空间，但较不易选择适合空间大小的冰箱。门板上的方形凹槽除了方便开启冰箱门，也易于辨识和其他柜子的区隔，解决隐藏式收纳经常开错门板的问题。黑色面板为不锈钢厨房收纳箱，可将热水瓶、烤面包机、果汁机、电饭锅等小家电收纳其中。

图片提供_相即设计有限公司

138

门板 高大柜墙无敌收纳

小孩房有约4米的挑高斜顶夹层，为了顺应长大之后的收纳量增加的需求而做了高大柜墙，超过2.4米的柜墙下方收纳小孩衣物与玩具，上面则是可以放置行李厢、棉被等备用物品，并利用下拉杆设计让拿取更为便利。

图片提供_馥阁设计

139

门板 大片滑门解决收纳物引发的空间零碎感

顺着厨具与冰箱深度而设置的落地柜，左半藏了大冰箱，右半则是衣柜与储物柜。两边皆以大片滑门来保持立面清爽，解决小套房的厨房与电器收纳。善用先天良好的客厅深度，以矮凳取代茶几，为户主创造出练瑜伽的空间。压低的电视柜与无隔间的界定，都可加强空间的穿透性。

图片提供_杰玛室内设计

140

门板 运用茶镜令空间放大

房间内的收纳空间以茶镜门板、装饰空间及下方抽屉三种形式呈现。最上层的茶镜除了起门板作用外，在视觉上也形成天花板的延伸感，有加大整体空间的效果。

技巧要点 玻璃层板方便挑选取物

第一格抽屉上方以玻璃层板呈现，方便寻找首饰或手表等配件。每层抽屉柜做不同高度可依尺寸需求做最适当的收纳，而最下方的大抽屉则是收纳枕头套和棉被等寝具的空间。

图片提供_相即设计有限公司

图片提供_明代室内设计

141+142

门板 斜向线条优雅装饰墙

现代人因注重睡眠环境，主卧周边尽量以净爽而无干扰的设计为宜，但是卧房内少不了要橱柜、化妆台与桌面等需求，因此设计师以斜向线条为主题，将所有功能整合为环绕全室的优雅装饰墙，让睡眠环境更清幽安定。

设计要点 打开墙门发现秘密化妆区

为了满足女主人的上妆需求，设计师将一座高柜的收纳空间改作为化妆桌，除了在墙面贴上全身镜以方便主人整装与搭配衣服外，左右两侧还有柜门做遮板处也可以放置化妆品，避免瓶瓶罐罐的杂乱感。

图片提供_明代室内设计

143

图片提供_馥阁设计

144

图片提供_馥阁设计

143+144

门板 **木皮白烤门板与空间调性一致**

为了不让一整面墙都是木色，令设计显得呆板，隐藏书桌的门板特地使用2/3木皮与1/3白色烤漆设计而成，白色与木色相间配合全屋设计调性，展现一致感。而书桌旁的木作展示柜除了能让珍藏品漂亮摆饰外，也巧妙遮挡了角落梁柱。

技巧要点 **事先测量让收纳空间做最大运用**

喜欢书法与打禅的户主希望能将房子完整利用，而为了让电脑桌与空间中慢调的氛围不相违背，将书桌藏进角落里，事先即测量电脑高度。其上方为了摆设书法用具，也先确认好了摆放位置，搬家时就定位，小面积看起来十分宽敞。

145

门板 **似墙非墙！遁入墙面的隐藏柜**

在多功能室外的墙面埋入落地收纳柜，结合铝制烤漆屏风成为隔间墙，刻意以白色打造，让收纳柜及线条化为无形融入白色墙面当中。不对等分割的利落线条却是隐藏门板在其中，借由墙消弭柜体体积的庞大感。拉高与墙一致的柜体，直线落下的分割线与一旁线性构造的铝制屏风，均无形之中拉高了空间感，巧妙化解了大型收纳柜与空间感的冲突。

145

图片提供_大器联合建筑暨室内设计事务所

146

门板 加大柜体，展现大器风范

这是一栋次新房，由于户主喜欢明亮饱和的空间色系，则选用鲜艳的蓝作为电视墙主色。同时将柜体往两侧延伸，加大的电视主墙展现大器气势，无形中也拉大公共区域的范畴。下方则利用木色层板放置电器设备，开放的设计方便随时使用。

设计要点 电视柜结合梁柱完整空间

由于电视墙上方和左侧有梁、柱，因此依据梁柱深度，做出约20厘米深的电视柜体，不仅能包覆隐藏梁柱，也具有其功能。

图片提供_Z轴空间设计

图片提供_相即设计有限公司

147

门板 交错柜体的隐藏收纳

从天花板延伸而下的吊柜为鞋柜功能，下方空间可摆放临时脱放的鞋子。而电视下方的矮柜和吊柜形成视觉上的交错感，也不因庞大柜体而使空间显得压迫。以局部留白加上复合材质，搭配石片背板延伸了地面空间。

148

门板 组合异材质创造鞋柜功能

玄关鞋柜门板由木工制作嵌入式把手，在平面门板上形成装饰性的凹沟，与白色烤漆门板形成视觉异趣。下方刻意脱开制造悬浮感以降低柜体的压迫感，同时设计石材平台可以置放展示物品，通过各种材质引入了功能也创造了鞋柜迷人的面貌。

图片提供_筑青室内装修有限公司

149

门板 芽绿色墙吃掉杂乱门板线条

这是一对新婚夫妻的家，随需求将书房与餐厅作合并并开放设计，但后方却有客用卫浴间的门板，为了简化墙面线条，同时增加收纳，因而以乐活绿色为主题，将高柜、门板、展示柜及留言板等整合在这座美丽的墙色中。在墙面设计上除了先在厕所门左侧运用灯光装饰柜做出留白效果，以避免平板柜体的平淡无趣感外，左侧柜体因尺度较大规划为中大型物品收纳。至于右侧还特别喷涂健康无毒黑板漆，让夫妻可留言、画画，增加生活情趣。

图片提供_明代室内设计

设计师不传的私房秘技·完全解构收纳设计500 隐藏收纳·门板

150

门板 线板、勾缝展现美式对称收纳

运用乡村风独有的线板、勾缝设计，在主卧房梁下空间规划对称式收纳柜，利用下方的暗把手方便开启。床头处也运用巧思采用上掀柜，棉被等大型纺织品也能巧妙收纳，不仅避免床头压梁的风水问题，更让收纳功能倍增。

图片提供_崇笛谊雅舍室内装修设计

151

门板 以门板转换空间的功能变化

将餐厅和书房巧妙融合在同一空间中，用门板与收纳的变化让不同功能的需求一次性满足。长桌既是餐桌，也为阅览桌，桌旁内嵌式展示酒柜，在"餐桌模式"时可开放陈列，滑轨式强化灰玻拉门可在"书桌模式"时紧闭，保持空间的宁静感。半透明玻璃质感则让视觉通透，空间流动更加紧密。

图片提供_光合空间设计

图片提供_漫舞空间设计

152+153

门板 延伸玄关，增加柜体广度

除了必要的收纳之外，户主还希望有大量留白的空间，在此条件下，柜体势必需有高收纳量的设计。拉长玄关，扩增鞋柜的收纳宽度，靠门处则专用收纳外出衣物或男主人的高尔夫球杆。纵深足够的玄关廊道也方便暂时置放婴儿车。鞋柜深度38～40厘米，高度刻意不做满，下方可放置拖鞋、扫地家电等。

图片提供_漫舞空间设计

图片提供_伊太空间设计事务所

154

門板 透明面板的抽屉巧思

将一般惯于用来放置电视的位置改为衣柜，上方的层板可放置包包，吊衣架下方可摆放饰品盘。特别的是抽屉以透明玻璃呈现，拿取衣物时便可从正面一目了然看见抽屉内的物件，省去翻找的麻烦。

155

門板 以分割线区隔收纳空间

卧房内的电视墙上下方皆规划了收纳空间，并以分割线区隔门板，除了视觉感较为丰富外，每个柜体的收纳空间大小也一目了然。而中间以铁件打造出带状空间，可摆放展示品，降低墙面被柜子填满的压迫感。

图片提供_伊太空间设计事务所

156

門板 天花至墙面，同材质形塑一致感

在茶水区以水泥砌成吧台，实木铺陈台面，后方墙面则以层板和柜体交错搭配，呈现或开放、或隐藏的收纳功能。无把手的柜门设计，形构出干净利落的立面，门板材质也延伸至天花，有效扩展视觉。开放层架依照屋主物品高度安装，左方的木质层板间距高30～40厘米，中央的木质柜体高240厘米、宽90厘米。

图片提供_摩登雅舍室内装修设计

图片提供_贺泽室内装修设计工程有限公司

157

门板 玄关鞋柜设计结合镜面材质

入口玄关位置打造复合式的柜体结合隐闭及开放设计，以对应不同收纳需
求，并采用具有反射特质灰镜材质为鞋柜门板，可作为出门前服装检视的
镜子使用。从柜体延伸出的小桌面，用来收整钥匙等零钱等小物品。

158

图片提供_甘纳空间设计

158

门板 灰色烤漆大拉门衣柜简单利落

这间卧房主要作为长辈房使用，侧边规划对开大拉门构成的衣柜，空间简洁利落。柜体立面采用灰色烤漆，结合墙面的灰色调更为和谐，沉静的气氛更符合休憩空间。门板以勾缝凹槽设计，作为把手功能，也呼应了整体现代简单的风格。

159

门板 白与靛灰蓝跳色处理化无聊为有趣

单一的白色门板容易让人觉得单调，于柜体中间横向插入靛灰蓝色矮柜，简单却又有趣设计即让整体视觉产生偌大变化。矮柜上方可当床边茶几使用，摆设常阅读的案头书或装饰品，十分便利。

159

图片提供_穆阁设计

160

门板 以材质对话，消弭量体存在感

餐厨电器柜与展示收纳柜正好处丁对角，利用不同材质区划使用属性。为满足户主大量的收纳需求，通过隐藏式收纳门板创造如墙面般的收纳柜，两种材质一刚一柔的演绎正好转移注意力，成功将两道顶高落地柜体轻量化。

160

图片提供_大器联合建筑暨室内设计事务所

161

门板 电视墙面的隐形收纳

电视墙旁的收纳空间以隐形门板规划，并以黑色不锈钢打造把手，用线条增加视觉感。阅读区沙发下方的白色抽屉增加了客厅的收纳空间，旁边的桌面也可用来放制茶具，兼具美观与使用功能。

技巧要点 收纳藏于无形

阅读区沙发下方特别设有抽屉，可收纳书籍与文具等物品，电视墙延伸从玄关开始的隐藏收纳柜则可用来放置客厅杂物。

图片提供_伊太空间设计事务所

162

门板 悬挑式收纳柜

位于入口玄关处的收纳柜可摆放鞋子等物品，而以上下打光的方式突显悬挑式柜体，具有视觉上的飘浮感。梧桐木染色门板上的凹缝设计，则让使用者方便开启柜门，兼具设计感与实用性。

设计要点 门板凹缝透气通风

柜体高度约2.6米，内部的层板设计可摆放鞋子等物品，门板上的凹缝也能有部分透气通风的效果。

图片提供_伊太空间设计事务所

163

门板 华丽时尚的美食飨宴

墙面内皆为收纳空间，选用淡雅的白橡木皮作为门板外，更以金属质感把手及附有LED（发光二极管）灯的酒架与金碧辉煌的吊灯相呼应，晕染一室时尚华丽的调性。

设计要点 天花板混搭提升餐厨层次感

由于户主常有宴请亲朋好友的需求，因而特别将餐厅与厨房合而为一，成为开放性的活动空间。同时选择中岛与餐桌相连，让社交区域更为延展。乍看为单一空间，实则借由黑色镜面与白橡木两者既对比又和谐的天花板混搭效果，巧妙提升了空间中的层次感。

图片提供_光合空间设计

164

图片提供_摩登雅舍室内装修设计

165

图片提供_摩登雅舍室内装修设计

164+165
门板 巧妙隐藏公务设备

顺应户主的办公需求，在书房前后侧皆设置柜体，柜面以现代线条结合中式语汇，重新诠释现代禅风设计。门板式的收纳柜，有效隐藏办公室用品，同时量身订制办公桌，加大的桌面两侧再加上深抽屉，让夫妻两人都能同时使用。

技巧要点 加装插座以备不时之需

依照摆放物品的不同，分别设计应有的功能。柜内侧每层皆加装插座，以便未来加装设备；同时打造收藏展示区，可让户主随时欣赏。

166
门板 白色烤漆收纳墙面

以白色烤漆打造整片客厅墙面，和家具及餐桌的搭配营造出优雅洁白的氛围。而餐桌旁的对应墙面放置了咖啡机电器柜，具备功能性与视觉感，以电器隔绝了大片墙面的延伸感，使整片墙面看起来不致过于单一或巨大。下方的黑色壁炉则区隔出客厅和餐厅的收纳空间。

166

图片提供_伊太空间设计事务所

图片提供_光合空间设计

167

门板 开关中显现无限大器

从玄关一路延伸至餐厅、客厅的长墙，扮演了空间中创意收纳的重要角色。利用层叠的门板建立墙面的层次变化，金属光感的长条边框是最好的装饰，也巧妙暗示出长墙后不同空间的区隔变化。最靠近电视处为通往主卧房的暗门，往玄关走则是有吊挂衣柜、鞋柜的空间收纳，看似简单的墙蕴藏了不简单的变化。

图片提供_伊太空间设计事务所

168

门板 玄关处的鞋柜收纳

玄关处的鞋柜以木门板打造，和地板以及入门处的门板呼应出整体空间的一致性。而下方的打灯设计增加了细节，此空间可放置进门后临时脱放的鞋子，可通风后再放进鞋柜以避免异味。

图片提供_伊太空间设计事务所

169

门板 多处收纳空间的运用

卧房内的衣柜以黑色铁件打造把手，下方也预留空间让衣柜不致过于压迫，并加上灯光辅助增加细部的明亮度。书桌上方的空间可摆放书籍及展示品，床头柜也增加了收纳空间。

170+171

门板 光之十字的意象

由于户主有虔诚的信仰，在玄关鞋柜处特别以透光的十字架造型，传递如光之教堂的意象，镂空的十字也隐含把手的作用。地面则用瓷砖拼贴出象征圣经故事五饼二鱼的图腾，端景墙的层架上则放置象征基督教"信、望、爱"精神的装饰，与户主信仰相呼应。

技巧要点 十字架内的贴心收纳

柜内除了设计放置鞋子的空间之外，也另外设计吊衣杆，方便摆放外出衣物。上层则留出包包的区域，为户主贴心设计收纳功能。

图片提供_摩登雅舍室内装修设计

图片提供_摩登雅舍室内装修设计

图片提供_几得设计

172

门板 顶天开阔的入门印象

一入玄关就能看见顶天的高柜，空间向上延伸，形成开阔的入门印象。右方柜体仅保留下半部，形成可舒适坐下的穿鞋区，不做满的设计同时也减缓厚重的视觉感受。柜面以线板刻画，再加上利用暗把手的设计，去除门把的缀饰，呈现简单利落的效果。分割成三层的高柜，中央的柜体内部除了鞋子收纳区外，还增加外出衣物的吊挂区，贴心设计户主的动线需求。

173

图片提供_伊太空间设计事务所

设计师不传的私房秘技·完全解构收纳设计500　隐藏收纳·门板

173

门板 镜面门板的分段式收纳

左边以镜面门板打造鞋柜，整面镜子的运用让空间更有延伸感。而中间墙面以铁件及绷布呈现，加上玻璃门板的书柜，分段式达到收纳功能，在视觉上也不致过于单调。

174

门板 半开放式的电器收纳

电视的下方打造了一个电器收纳柜，用木板加上石材的复合材质运用，丰富了细部元素。电器柜上方的平台空间，也可用来摆放展示品。而电视上方的墙面以黑色镜面搭配上方打光，强化了整体空间的延伸性与明亮感。

图片提供_伊太空间设计事务所

图片提供_摩登雅舍室内装修设计

175

门板 展示柜也是隐藏式书柜

迎光处设置多功能书房，融入暖炕的概念，结合书房网络线槽及和室桌功效，下半身可完全舒畅，即便办公，也能悠闲自在。在两侧墙面则设置柜体，门板皆采取轨道式拉门，镂空的设计穿插展示区域，放置收藏品更有型。拉开门板后呈现不同比例的柜格，适合放进各式尺寸的物品。

078/079

176

图片提供_摩登雅舍室内装修设计

177

图片提供_摩登雅舍室内装修设计

178

图片提供_漫舞空间设计

176+177

门板 家中最美的廊道风景

为了弥补客厅收纳不足的缺陷，小孩房隔间略微退缩，扩大廊道强化收纳容量。隐藏门板的效果，不仅美观也不妨碍行走，再加上顺应户主收藏纪念品需求而特意留出的展示空间，借由深具意义的物品，增添家的人情味。

178+179

门板 线板门板统一整体视觉

依循整体美式风格，衣柜门板加上细致优美的线板，精巧的比例展现完美的视觉平衡，也与床头线板相呼应。墙面中央留出空间，未来可摆放电视。柜体内部除了设置层板，另有三个抽屉，不仅方便拿取，需要时也能上锁，保有个人隐私。

179

180

概念 拍拍手

整片的收纳柜，尤其是餐厅橱柜，常因为突出的把手容易撞伤并失去隐形的意义。或是内凹把手不好使用，即可使用"拍拍手五金"，轻按门板即会弹开，是隐藏门板除了内凹把手外的另一个选择。

插画_黄雅方

图片提供_白金里居室内设计公司

181

概念 下拉杆

高于180厘米以上的橱柜，一般人难以不靠辅助工具拿取物品，如果不想以梯子、椅子垫高拿物，也可在橱柜或是衣柜内装置下拉杆设计，令拿取碗盘、衣物等更为方便。

插画_黄雅方

图片提供_彗星设计

182

概念 电动功能

为了避免沉重的柜体在拖拉时伤到自己，或是收纳空间不易够到，可以运用电动设计，令收纳更轻松，拿取也更轻易。

插画_黄雅方

图片提供_馥阁设计

183

概念 旋转功能

旋转式的五金构造，可在柜内做360度的旋转，令收纳容量更大，拿取时也较不费力。

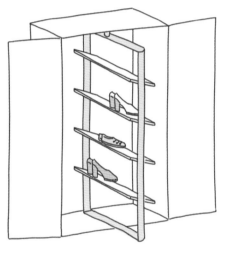

插画_黄雅方

图片提供_馥阁设计

图片提供_甘纳空间设计

184

五金 玻璃餐具柜，取用一目了然

单身男子的品位小豪宅，热爱下厨、品酒接待好友。设计师利用中岛餐厨旁的空间打造酒瓶、杯盘专属的收纳柜，不锈钢架让每一个酒瓶能直接倚靠摆放。下面三层则是考虑拿取的便利性，以收纳醒酒器、杯盘为主。餐具柜运用清玻璃材质拉门，兼具展示酒瓶、杯盘的作用。

图片提供_馥阁设计

185

五金 电动收纳柜的极致运用

这间房子挑高具有夹层空间，但因夹层深处取物不便，设计师使用电动五金让收纳柜由一楼即能按个按钮轻松拿取，换季衣物和棉被都可收进去，也不需要再弯腰于阁楼里拿取重物。

设计要点 嵌灯展现完美木纹营造优雅气氛

墙面将有收有藏的收纳概念运用得淋漓尽致。右边为木制门板的内凹柜体，上面运用嵌灯让木质纹路完美展现并营造优雅气氛。左边百叶窗下的空间毫不浪费，运用层板将兴趣展示，也让爱好有适合的居处。

图片提供_天境设计

186

五金 卧榻下不可思议的置物空间

整片墙面的落地柜，不仅让视觉完整延伸，且柜内有充分收纳空间容纳四季衣物。150厘米×180厘米标准双人床尺寸的卧榻，不仅可睡可坐，也可成为孩童在此玩乐游戏区。为提升收纳功能，卧榻下方空间亦完整利用，前半空间设有大型抽屉，适合摆放衣物或书籍杂物。靠窗的后半空间则运用五金做成上掀式扁柜，可收纳地毯、棉被。整片延伸的工作桌面也可作为置物平台，近窗边处与卧榻重叠的畸零空间则设置上掀柜，用以容纳大型棉被、床垫。

187+188

五金 按压五金令收纳平整简单

位于通道处的收纳柜使用按压式开门，可以让收纳柜表面平整简单。可将平日使用的清扫工具与卫生纸等用品收纳于此，让好拿好收成为反射性动作。

设计要点 充分利用楼梯下方空间设计

复式空间可以利用楼梯下方闲置空间，顺着楼梯结构设计柜体以增加收纳。楼梯的立面贴上花砖表现特色又有防脏效果，踏板以深木板处理，让原本以收纳功能为主的浅色柜体更加有变化性。

图片提供_彗星设计

图片提供_彗星设计

189

190

189+190

五金 机动性的吸盘把手，维持地面平整

3米高的房屋舍弃夹层概念，书房利用架高地板创造向下延伸的储物区。储物区门板则是运用吸盘五金开启，可拆卸的特性，也维持地板平整。沿阶梯则设置两个大抽屉，为屋主创造大容量的收纳空间。架高的书房也隐然自成一区，有效界定公共区领域。

191+192

五金 镜子结合柜面，多效合一

依照屋主的梳妆习惯，在卫浴间里设置镜柜，将日常保养的物品通通收纳在一起，梳洗后就能直接使用。镜柜的多用途设计，创造高效率的功能使用。下方柜体悬空，能减轻体量的沉重感。并选用防水的系统板材，有效抵御潮湿的环境。

设计要点 深度符合人体工学

镜柜建议采用18～20厘米深为佳，若太深，梳洗后抬头则容易撞到；下方柜体则有50厘米深左右，方便放置卫浴备品。

191

图片提供_漫舞空间设计

设计师不传的私房秘技·完全解构收纳设计 500

隐藏收纳·五金

图片提供_漫舞空间设计

图片提供_白金里居室内设计公司

193

五金 铁件与五金让阶梯与收纳合而为一

最靠近地面的第一阶为抽屉，第二阶则为DVD收纳架，第三阶刚好为两段交接处，特别制作成50厘米深收纳箱，往上延伸的三阶则为抽屉，以抽屉和柜子堆叠而上的阶梯，每阶都严选L形铁件架构与德国五金配件，拾级而上走得步步稳健，也恰巧与梦想中的树屋相呼应。

设计要点 树屋概念让收纳既梦幻又踏实

图中为23平方米大挑高楼中楼套房，富地中海气息的希腊蓝为整个空间的主要色调，连接楼上楼下的多面向柜体扮演了关键性的角色。设计师以"树屋"概念为出发点，带出三段式阶梯律动，梯面80厘米的宽度，使每一阶都富有不同收纳空间。

194+195

五金 书柜融入掀床不分割使用面积

为解决书房兼客房的需求而不影响书房使用，将双人掀床埋入书柜设计之中，平时收起可以节省空间，客人有过夜需求时，书房就可摇身一变成为客房。选用进口掀床五金，稳定性高且运作顺畅，拉下与上收都能做到省力效果。书柜设计利用不规则分割和蓝色增加立面的丰富性，另外采用喷砂柚木皮制作上柜面材与掀床底座，强化整体设计感。

图片提供_筑青室内装修有限公司

图片提供_筑青室内装修有限公司

196

图片提供_彗星设计

197

图片提供_彗星设计

196+197

五金 高实用性的灵巧开关，兼具整体美观

为维持整体风格的简洁性，抽屉以勾槽式的隐藏设计取代把手。上掀铰链或垂直上掀铰链常用于微波炉、小烤箱等家电收纳柜，都能让电器操作较为方便。上掀式门板五金无论是油压杆设计或机械式设计，建议在橱柜边加装油压缓冲装置，缓和关门时的速度以免关闭时产生过大声响。

198

五金 公仔展示柜下掀式五金，开启替换更轻易

60多平方米的小宅住着一对年轻夫妻，男主人喜爱收集玩具与公仔，如何收纳与展示这些收藏是规划重点。展示柜根据公仔的种类、比例订制不同的高度需求，搭配选择清玻璃门板，让公仔们免于灰尘的堆积，清洁上更方便。设计师利用梁下结构打造公仔展示柜，考虑前端为餐厅、工作区，因此门板采取下掀式五金，如要开启替换较为顺手实用。

图片提供_甘纳空间设计

图片提供_明代室内设计

200

图片提供_明代室内设计

199+200

五金 折叠梯省空间，不减功能

在复式楼型里楼梯是串联空间时无法避免的设计结构，但因楼梯通常量体不小，除了占据空间外，更重要的是容易影响空间的动线及完整性。为此设计师将爬上顶楼的楼梯以折叠式的设计，成功让楼梯完全收纳于无形。

设计要点 美形展示兼具收纳

平日可将折叠梯完全收纳，好保持楼面的通透感，同时避免因楼梯横阻，让电视柜的视线受到干扰。另外，在电视柜设计上则是运用铁件喷漆与木纹板搭配出自然清爽的休闲风格，美形之外也有展示与收纳功能。

201+202

五金 滑柜五金省力方便

由于玄关区需保留墙面挂画，因此柜体开门主要设置在画室，而端景则放在客厅一面。为方便拿取物品将柜体规划为三层，并且利用滑轨五金来达到省力、方便的效果。

设计要点 三层隐藏柜让收纳力倍增

为了让画面右侧的玄关主墙可以有更大墙面来挂画，同时考虑结构大梁的问题，设计师将玄关主墙后方规划为收纳橱柜区，并且利用收纳柜来区隔与定位玄关、客厅与画室三个区域。

201

图片提供_明代室内设计

202

图片提供_明代室内设计

图片提供_榡阁设计

203

五金 玄关电动柜方便收纳外出衣物与包包

一入门玄关处的电动下降式柜体，可放置外出长大衣、外套与包包等。柜内设置吊挂五金与活动层板，可自由更换使用方式。而旁边收纳柜则可放置钥匙、信件等物品，活用方便收纳。

205

五金 借助抽拉五金，有效利用纵深空间

由于原始餐厨不符使用要求，同时有不可更动的管道间，因此沿管道间配置厨具柜，延伸出完整的橱柜立面。运用足够的纵深配置抽拉高柜，善用收纳空间。抽拉柜搭配耐重度高的五金滑轨，可延长使用寿命。

205

图片提供_漫舞空间设计

204

图片提供_漫舞空间设计

204

五金 善用小怪物，解决L形厨具难题

由于面积较大，厨房采用L形的配置，并将电器内嵌，减少摆放在台面的凌乱感。转角处则用俗称"小怪物"的五金，让难以取用的转角深处，变成高效能的机动柜。选用一贯的白，再加上钢琴烤漆的门板，展露现代简洁的视觉氛围。

206

五金 密闭柜设计让杂物摆放更灵活

开放式书柜旁则为落地式大型收纳柜体，滑轨式拉门设计完全不占用书房空间。密闭设计巧取隔壁空间，让此柜体深达60厘米。三层层板让杂物摆放更为灵活，不仅可收纳季节性大型电器如电扇、除湿机、叶片式暖气等，也可放置大型行李箱，上方则可放置冬天棉被、床垫等，用途广泛。

设计要点 小书房里意想不到的收纳空间

为充分利用空间，原本简约的餐桌旁，以长形桌面平台隔出半开放式迷你书房。书房的整片墙面以不规则木质框架设计成顶天立地式书柜，无论陈列书籍或收藏品都别具特色。

图片提供_白金里居室内设计公司

207+208

五金 滑轨式薄柜方便CD收放

整个大梁下方由左而右分别规划为视听设备柜、CD柜与杂物收纳柜。为了方便被夹在中央的CD柜使用，特别加装了滑轨式五金，让薄柜体可以整座拉出来取放CD，不但一目了然，也更省空间。

设计要点 阶梯设计解决大梁压迫感

为顺应客厅左侧天花板有大梁的问题，同时也保持电视墙的简洁，除了在墙面右侧设计门柜外，左侧天花板则用阶梯式造型缓减大梁感，同时在梁下规划三个不同功能的高柜。

图片提供_明代室内设计

图片提供_明代室内设计

210

图片提供_白金里居室内设计公司

209＋210

五金 侧边拍拍手暗门内容量大

电视墙侧边暗藏了收纳空间，拍拍手暗门里面具有高达80包卫生纸的空间容纳量。整体来说，电视墙将原本客厅一分为二，前为沙发影音区，后方则为书房工作区，电视柜变为一阅读平台桌，充分利用每一空间。

设计要点 将收纳空间藏于无形之中

电视影音机柜以嵌入式空间设计让整体线条简约不杂乱，柜体背后则附设暗门让电器电线维修保养更为简易方便。电视两边及下方均设计LED间接光源，除了减轻看电视时的视觉负担外，也让整个半高电视墙多了轻盈感。

211

五金 360度旋转鞋架收纳加倍

运用旋转鞋柜概念轻松规避梁柱。而为了解决这样的畸零空间，可360度正反旋转的鞋架，让鞋子不仅拿取轻易，之字形的交错收纳更让鞋子的摆放数量加倍。

设计要点 转换出入口获得空间最大利用

设计师将出入口换了个方向，避开原本入口有梁柱的畸零空间，使之成为玄关鞋柜。而利用电视墙后方的空间隔成一个正方形的储藏室，让原本的长形屋获得最大的利用空间。

211

图片提供_馥阁设计

隐藏收纳重点提示

212
提示 通风孔的位置要上下对称

鞋柜常见使用百叶门板，目的是为了要通风，但不是有洞就能通风，还需要考虑对流，要让新鲜的外部空气流入，鞋柜内的异味空气及潮气才能流出，所以大多以上下及前后对称的方式呈现。

图片提供_摩登雅舍室内装修设计

213
提示 利用收纳柜弥补鞋柜不足空间

在距离门口处不远的对讲机、电箱等，常常是空间中不常用、很突兀却不可避免的物品，这时可在此区设计收纳柜，不但能将这些设备隐藏起来，也多了收纳空间，可放置随手放的钥匙、雨伞、不常穿的鞋子等物品，同时弥补了鞋柜空间不足的问题。

214
提示 柜体深度60厘米即可收纳大型家电

想要收纳吸尘器、电风扇和除湿机等较大型的家电，不一定需要一个大型的储藏间，即便一个深度约为60厘米的柜子，就能达到绝佳的收纳功能。搭配活动层板，将下层作为大型家电、行李箱等收纳，上层则可以放置一些卫生纸、备用的空纸箱等生活杂物或低使用率的物品。

215
提示 屉中屉，让表面看起来更干净

随着放置物品不同，抽屉的深度也会有所差异。但三层分隔的抽屉有时反而没有这么利落好看。这时不妨增加下层屉头的高度，将上方的小抽屉隐藏起来，不仅不影响抽屉功能，空间线条也会因此看起来更加平整。

216
提示 个人清洁用品收至卫浴镜柜后

不同于化妆台多是坐着使用，卫浴镜柜因为使用时多是以站立的方式进行，镜柜的高度也因而随之提升。柜面下缘通常多落在100～110厘米，柜面深度则多设定在12～15厘米，收纳内则以牙膏、牙刷、刮胡刀、简易保养品等小型物品收纳为主。

217
提示 用拼"拼图"的概念组合适合尺寸

抽屉内的收纳配件设计，也要以人体工学的角度出发，举例来说，某些品牌的配件尺寸，会以人双手张开的长度168厘米为基础加以变化，可分为84厘米（84×2＝168）、56厘米（56×3＝168）、42厘米（42×4＝168）等，这样的尺寸组合使用起来会感到舒适与顺畅，使用者就能依照物品和使用习惯，选择尺寸拼出属于自己的"收纳拼图"。

218
提示 善用五金让收纳设计更便利

收纳设计搭配五金配件，更能提升使用的便利性。不妨依照需求选择拉篮、衣杆、裤架、领带或皮带架，拉篮、领带、内裤、袜子的分隔盘，以及衬衫抽盘架、试衣架、挂钩与层架、镜架等设备，而这些五金都有侧拉式设计，即使是较小的更衣室空间，也能便利使用。

219
提示 收纳处离出入口别太远

雨伞、安全帽等物品最好离大门不要太远，这样每天出入才好拿。雨伞在收纳时需注意最好七分干再收进柜子里，不然一般柜体都为木头材质，过于潮湿将会影响柜体使用年限。

220
提示 精准尺寸有助于内嵌收纳

要将烤箱、咖啡机、微波炉等小家电都隐藏起来，要预先了解精准的尺寸，利用内嵌的方式，用抽盘、门板方式达到隐藏与好使用两种需求，无线路外露更显美观。

三、

功
能
收
纳

一开始做好就不需要收！在设计时就将功能与收纳做联结，

了解家中需要收纳物品并将收纳柜与其他功能做结合，

令可用面积最大化，也能让东西更好收。

221

概念 空间界定

把柜子纳入天、地、壁中思考，隔间柜就是属于壁面的部分。例如：客厅和玄关间通过未至顶的柜体设计，作为两者空间的区隔，带来类似屏风的效果。

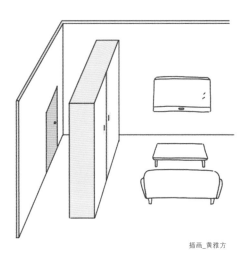

插画_黄雅方

图片提供_明代室内设计

222

概念 分层使用

如果想做一面区隔走道与内室的隔间柜墙，收纳开口不一定都要面对同一方向。针对空间需求，做上下分层的设计，不仅更方便使用，也让空间表情更为丰富。

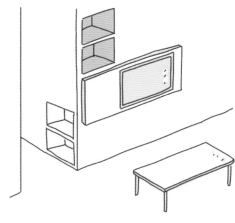

插画_黄雅方

图片提供_馥阁设计

223

概念 双面柜共构完整墙面

当空间深度够的时候，结合不同深浅的功能柜组成一面隔间墙，不仅能符合不同空间的收纳用途，也能使可用面积最大化。

插画_黄雅方

图片提供_天涵空间设计有限公司

图片提供_馥阁设计

224

[隔间] 多尺寸书柜内嵌化，化柜体于无形

户主需要有很多柜子收纳，但又不希望空间充斥着柜体，如何让收纳隐
藏及去体量化，便成为规划重点。设计师利用空间的深度，将多尺寸书
柜看似有如内嵌于隔间墙内，化解体量的存在性，无论是展示或是收藏
品的摆放，皆能创造出家中的一面美好风景。左侧木质柜体深度为30
厘米，右侧白色柜体则是20厘米深度，提供不同物件的收纳与展示。

图片提供_大湖森林室内设计

图片提供_明楼室内装修设计

225+226

隔间 是隔间，也是美背式储藏柜

谁说收纳柜设计都是功能导向呢？设计师以空间美学与格局需要为设计出发点，将走道尽头的储藏柜门与三座美背式的木纹柜整合设计，共同的材质语汇不仅让收纳隐藏起来，空间也更干净而优雅，丝毫没有收纳的功能印象。

设计要点 不常用的换季衣物就放这

三座美背式木纹柜体在走道面就像是三片木屏风一般，让书房内的自然光影与空气可以顺利流洩入室内以增加采光，但其后方则是不折不扣的书柜，可放入大量书籍。至于走道尽头层板柜则可放置较大型的换季物品。

图片提供_明楼室内装修设计

图片提供_近境制作

227

隔间 小开视窗墙柜也能隐约静美

因不希望主卧浴室的门板直接干扰画面，在空间设计上利用成排的柜体来区隔卫浴更衣区，让收纳与隔间的功能同时被满足。另外，在床铺正前方则以白墙来净化视觉，再搭配侧边的层板展示柜来提升画面设计感。

设计要点 长形视窗穿透视线减少封闭感

如果无法将浴室门移走或隐藏，不妨考虑利用隔间柜的设计来作遮掩。但是设计师更巧妙的是在柜体的中下段切开一个长形视窗，让浴室与床铺两区的视线可以穿透，除减少封闭感外，更增若隐若现的联系感。

228

隔间 同中求异的收纳墙柜

区隔玄关与餐厅的开放式的柜子以三种颜色的层板区隔，虽然位于同个区块但规划出不同的深度和宽度，让收纳的物品可作功能性调整。而餐椅斜后方的玄关处也设计了一个收纳柜，上下方刻意预留空间避免压迫。打灯的设计营造出飘浮感，下方空间也可用来放置临时脱放的鞋子。

技巧要点 不同深浅不同摆饰

左边浅色木皮的墙柜因深度较浅，可用来摆放画作或相框作为展示功能，而深度较深的白色部分则可放置书本等物品。

229

隔间 唯美墙柜界定浴室与更衣区

为了提升卧房的睡眠品质，希望让床铺侧边的墙面更显清爽、无干扰，因此决定将原本的浴室门作90度转向，移转至更衣室内，并与两侧成排的衣橱延伸串联，顺势成为浴室与更衣区的完美墙界。

设计要点 长廊式优雅设计

由于户主的衣物数量相当多，因此在更衣间除了避开采光窗外，在两侧平行规划出双排衣柜，扣除浴室门板与柱子外衣橱宽共长达17米，搭配达3米以上层高，以及无把手白色门柜设计，展现出长廊式的优雅。

图片提供_甘纳空间设计

图片提供_甘纳空间设计

230+231

隔间 **电视墙可收设备也是书柜**

公共空间舍弃不必要的隔间，一座自然纹理大理石墙区分客厅与休憩区，释放宽阔的空间感。雕刻白大理石墙下方嵌入影音设备收纳功能，另一侧则规划成书籍、电脑设备收纳，通过一个体量的多元整理概念，空间简洁利落。书柜层架部分舍弃木质，而是以铁件构成，除了在线条比例上较木头层板好看外，耐重能力也较佳，更为坚固耐用。

232

隔间 **柜体当空间界定，带出风格主题**

位于餐厅旁的柜体，其实也是玄关与餐厅的隔间。除了柜体两面皆具备收纳功能之外，设计师更利用色块区别收纳属性。木头色为玄关使用，黑色部分是餐柜，浅色木纹则是作为造型装饰。一般鞋柜深度约35厘米，此柜体考虑为满足玄关与餐厅共同使用，因此在深度上特别改为45厘米。

图片提供_怀特室内设计

图片提供_十一日晴设计

233

隔间 生活道具的展示区

由于屋主收藏有许多的生活道具，因此在餐厨区利用开放吊柜，可兼具展示和收纳用途。再加上屋主喜爱无印良品风格的调性，餐桌、椅凳和吊柜皆选择温润木色，同时善用现成椅凳的造型，配合置物篮，收纳小物更便捷。

技巧要点 同系列收纳简单利落

吊柜采用两层的收纳符合生活道具的高度。无印良品的椅凳和收纳篮，尺寸一致化的设计，让收纳更为简洁利落。

235

隔间 宽敞走道巧妙变出转角柜

由于主卧从床铺区进入更衣室的走道空间蛮宽敞，但因动线位置不适合做其他用途，因此设计师在此畸零空间结合更衣间内的储柜设计，将走道让出一个柜体的深度，也让浴室动线更隐秘。

设计要点 运用动线随手拿放好便利

由于橱柜恰好位于进入卫浴空间的动线上，可以变成浴室内的专属收纳柜，放置备用毛巾、卫生纸、私密衣物，以及清洁沐浴用品等补充品，相当方便。

图片提供_明代室内设计

234

图片提供_近境制作

234

隔间 是屏风，是端景，更是收纳柜

为了避免开门见山的突兀格局，但又不希望玄关区完全没有自然采光，因此在大门与书房之间安排一座屏风柜，而中间恰可安置端景艺术品。至于后方则可作为书房的收纳门柜，多面向的设计相当实用、精彩。

设计要点 薄铁件架构呈现态度

因不希望入门屏风给人过于笨重的感觉，在材质上选用了薄铁件作架构的支撑，搭配白色喷漆的面体，层板的间距设计，以及自然透光的背景，让端景柜本身就像个有态度的装置艺术品一般。

236

图片提供_近境制作

236

隔间 铁、木线条框住自然美景

在身处都市的住宅空间内，最难能可贵的设计莫过于自然。因此在格局层次与保留自然美景的双重考虑下，决定以薄铁件的悬空屏风柜做隔间示意，搭配文物饰品让屏风柜营造出半遮掩的人文画面美感，而其中屏风柜插夹着实木饰板也增加了设计温度。

237

图片提供_怀特室内设计

237

隔间 隔间增设鞋柜，小空间功能大提升

一个人住的旧屋翻新空间，利用玄关尽头的卫浴隔间墙，打造白色悬空鞋柜。背墙特意选用仿旧的粗犷感壁纸，借由新旧冲突的对比视觉，呼应老屋翻新的装修，也成为入口主要的视觉焦点。由于入口左侧厨房另设有储藏柜体，此鞋柜对一个人住的生活来说绰绰有余，中间平台还能兼具展示。

图片提供_明楼室内装修设计

238

隔间 书柜隔间保留光影与流通感

想要开放感的书房，又担心受到外界过多干扰，不妨从创意隔间做起。以错落的书柜取代实墙隔间，可让书房减少封闭感。而光线、空气也得以顺利流入廊道间，使光影变幻成为廊道亮点，同时书香味也散逸至全宅。

239

隔间 双面柜界定区域，整合收纳功能

玄关及餐厨之间的双面柜，明确的界定区域关系，以柜体区隔空间同时兼具收纳功能。这里的柜体刻意不全贴木皮设计，让白色柜体侧边创造有如实墙般的错觉效果，视觉感受更为延伸。而面对餐厨空间柜面，以斜切角式的隐藏把手呈现大气而完整的木质表面，里头收纳烹饪常用的干货或者饼干零食，使杂物较多的餐厨空间常保整洁。

239

图片提供_贺泽室内装修设计工程有限公司

240

隔间 功能和空间划分兼备

在室内只有40平方米的空间中，客厅与卧房以双面柜作为分隔，不仅有效划分区域也具备了生活功能。除了下方开放收纳区和右侧的电器柜之外，其余空间则作为卧房的柜体使用。柜体并以亚克力烤漆的大地色，展现纯净的简单风格。

设计要点 尺寸适合一般市售收纳篮

电器柜深度45~50厘米，下方则留出35~40厘米深度，方便放置收纳篮。而一般也会建议留这样的尺寸，不仅符合人体工学，市售收纳篮也能放得下。

图片提供_十一日晴设计

241

隔间 黑潮主墙海纳各式收纳功能

利用隔间墙规划作收纳柜其实是设计惯用的手法，重点在于如何让画面降低橱柜感与压力感，同时提升美感。为此设计师以黑色为主题，开放的铁件展示柜运用纤细的线条美感让柜体质感加分，同时也降低了整体墙面的封闭与压迫感。画面中大面积的黑色喷漆门柜包揽了绝大部分的收纳功能，而柜体中置入原木抽屉柜则点出墙面亮点。

242

隔间 书房黑白背墙就是视觉焦点

希望客厅拥有更宽敞腹地，而将沙发后端的小书房做开放设计，让书房与客厅都能有更为舒展的视线，书房内的黑白书柜也顺势成为客厅现代风格的简约主墙。整面背墙通过白色喷漆门柜设计，提供简练而优雅的主画面。另外，再借由垂直的条状展示柜来增加柜面的变化性。而材质上也选择与天花板四周围塑造型的铁件形成呼应，更能展现设计趣味。

243

隔间 一座柜体身兼数职，柜体功能大活用

一个人住的家不需要硬性隔间，因此在卧房与客厅利用上方镂空的中柜作为空间分隔，让卧房与起居室彼此串联放大，兼顾睡眠隐私也维持空间感的流通。而这组衣柜也身兼多功能，对内是卧房的衣柜，对外则为电视墙，将小面积空间作最有效的运用。此外，主卧为求轻量化设计，减少木作订制柜的产生，进而利用床头掀柜、层板及角落畸零处的收纳应用解决置物需求。

图片提供_明楼室内装修设计

244

隔间 双面柜串起各场域的情感

这是一座双面柜，在书房中是书柜、在餐厅则做橱柜，通过双面柜让空间有自然屏障，又可串起各区域间的关系。兼具隔间功用的双面柜与拉折门设计，并将清玻、雾玻、木作以块状搭配，让画面产生虚实相间的效果，也将书房自然光引进餐厅中。尤其拉折门的块状层次视觉延伸至书柜时，让书本可依大小分类放之外，还能提升视觉趣味。

245

245

隔间 藏在墙身后的秘密

在主卧深度允许的情况下，利用床与衣柜的过渡空间规划一座双面功能墙。正面铺以栓木并刻意作出厚薄层次的变化，赋予电视墙面丰富的表情。背面则为衣柜的储物区，连同靠墙的落地衣柜形成小型更衣室。为了收纳电视线路另辟L形柜体，刚好利用深度在后方规划收纳柜，受动线所赐，让左右两侧的衣柜创造出一方更衣室天地。

图片提供_筑青室内装修有限公司

246

隔间 玄关柜界定空间

玄关鞋柜作为客厅与入口的隔间，不做到顶的设计让空间不感到压迫。户主希望在玄关有个鱼缸，因此在柜体中做镂空设计，并使用灰镜让玄关空间得以延伸放大，而中间平台也可作为钥匙等小东西的放置处。

247

隔间 外套专用衣柜，界定玄关场域

考虑住宅地处林区，冬季气温低又潮湿，亲友们来访时一件件厚重的外套该去何从？于是设计师利用玄关与客厅之间增设外套专属衣柜，柜体表面以不锈钢板搭配白色烤漆，创造如主墙般效果。

设计要点 外出衣帽柜深度60厘米更好用

一般玄关鞋柜深度大约是45厘米，如果要挂置厚外套较难以使用，此衣帽柜深度达60厘米，收纳冬季外套更好用。

图片提供_虫点子创意设计

247

图片提供_怀特室内设计

设计师不传的私房秘技·完全解构收纳设计500 功能收纳·隔间

图片提供_明楼室内装修设计

249

图片提供_明楼室内装修设计

250

图片提供_明楼室内装修设计

248+249+250

隔间 整合多功能柜作为玄关隔间

比起墙面式的玄关端景柜，半高鞋柜搭配柱状高柜的设计更具有视觉穿透效果，让室内显得更开阔。设计师以原有的瓷砖与室内的木地板作出明显区隔，并将出入门所有收纳需求整合至多功能的造型柜体内。

设计要点 可拉式柜体把进出的物品都收进来

面对大门的半高柜体主要设计作为透气鞋柜，而其左侧则贴心地加设可拉出式的柜体，作为外衣柜或者伞柜等用途。而转个身在柱状柜体以侧边开门设计，作出抽屉及门柜的合并设计，可收纳包包及钥匙等出入用品。

251

图片提供_怀特室内设计

251

隔间 **两面皆能使用的铁件书柜**

独栋住宅的三楼为年轻夫妻使用，期盼功能充裕。
设计师将落地窗改为腰窗，并于窗边增设书房、起
居室，实用性大增，亮黄色铁件烤漆柜体则隐喻空
间的转换。悬吊于天花板的部分为双面使用书架，
下方可提供起居空间摆放生活物件。

252

隔间 **以多功能实用柜取代隔墙**

设计师以大型柜体区划出睡眠跟起居两个区域，柜
体刻意让高度不到顶，让天花得以延续创造出空间
放大的效果。L形镂空设计则能留出平台，方便收
放平时常用的小物。至于最下层的收纳柜，采用双
边开门设计，方便卧房、客厅使用。

252

图片提供_杰玛室内设计

253

253

隔间 **趣味×收纳×隔间的无阻绝量体设计**

位于玄关旁的多功能室，设计师将之处理为开放空
间，仅以隐性介质做区域性的划分，同时赋予一物
多功能的收纳活用设计。电视墙不只是兼具隔间
墙，还通过不规则线条分割出收纳、展示及挂放电
视的功能，功能与造型融为一体。并与矮柜身兼置
物、隔间功用，矮柜还可当穿鞋椅与溜滑梯，发挥
空间效益却也兼顾空间动感。

图片提供_筑青室内装修有限公司

図片提供_卡二日啡設計

254

隔間 完备公共区的收纳功能

客、餐厅分别以柜体作为背墙，增加收纳空间。餐厅利用
带有乡村风格的企口板呈现视觉变化，刻意留出下半部空
间，以便收纳麻将桌等大型物件。借由五金辅助，开启更
方便。而客厅后方则作为书柜使用，高柜搭配抽屉和开放
展示区，收纳功能更加完备。

255

隔间 梧桐木开放式收纳柜

以梧桐木打造出方形切割的展示柜，不仅美观也兼具隔间
功能，可让两个不同空间共享同个柜面。上面的格层可摆
放雕塑品等展示物，下半部空间则可放置大型艺术品或是
较高的花瓶，以美观收纳的功能区隔出空间感。

图片提供_伊大空间设计事务所

图片提供_伊太空间设计事务所

256

隔间 以展示柜为主的客厅背墙

客厅背面是一整面以装饰为主的展示柜，界定与走道的关系。并非客厅空间常见的具体墙面，而是以铁架打造出的展示收纳柜取代，加上打光的手法让摆放的物品呈现艺术品般的收藏质感。后方的展示架可摆放书籍或雕塑品等展示物，用美观收纳的墙面区隔出空间感。

257

隔间 半墙设计，光线自然流转

由于房屋采光不足，因此电视墙刻意不做满，光线得以进入中央的餐厅，同时借由电视墙界定客、餐厅范围。而柜体两侧运用巧思设计依照CD的深度和高度设计多格的收纳区，18~20厘米的深度，恰巧能紧密置放，看起来更井然有序，并将视听柜移至一旁的白色墙面，沿地板隐藏线路，呈现简洁干净的半墙设计。

图片提供_十一日晴设计

258

[隔间] 内嵌式衣柜空间省更多

在主卧双人房与单人房之间以柜体隔间，衣柜共用的概念不仅让空间充分使用，更节省了两边房间原本放置衣柜所占用的空间，让房间都显得更为宽敞，也提升了房间内的活动范围及衣柜的功能价值。

技巧要点 挂袋与S形挂钩充分利用衣柜空间

想增加衣柜内的容量放置更多衣物，就需要更灵活地运用收纳空间。不妨购买悬挂式隔层挂袋，收纳内衣、睡衣、袜子、帽子、围巾等配件，还可有抽屉式挂袋。另外，衣架可用S形挂钩连接多个衣架，适合悬挂短衣物外套，充分使用衣柜下方空间。

图片提供_白金里居室内设计公司

259

[隔间] 既是书柜也是衣柜

仅约40平方米的小套房以正反两面，卧房外为书柜，内为衣柜的双面柜作为公共区域与私有领域的隔间。不靠墙不置顶的设计减少了压迫感，而书柜层板延伸出书桌，则让空间设计呈现一致。由卧房延伸而出白色层板与黑色书桌相互呼应，并让卧房光线微微透出晕黄，以灯光减缓黑白所带来的极端视觉感。

技巧要点 选用同系列收纳盒

没有门板的开放式书柜，可以运用收纳盒收拾难以摆放的小杂物。而怕美感不佳也可选用同系列并与空间搭配的收纳盒，让视觉更整齐、美观。

图片提供_点点子创意设计

260

[隔间] 不仅是展间更是衣帽收纳间

一入门左边为大型落地柜，柜内约17平方米面积且附有照明，不但能容纳大型球具、行李箱、电器，也可作为收纳鞋子、外套的访客衣帽间。这里不仅能展示画作，杂物的收纳也使玄关富有更多功能！

设计要点 屋内与屋外的重要桥梁

这里的玄关设计一进门右手边即可欣赏户主收藏的画作，玄关端景因户主喜好而设计海水鱼缸，利用水波形成玄关与室内的光透视效果。上下以密闭式木柜将海水缸所需的大型电机充分包覆，让玄关发挥了缓冲功能，使室内家人成员不致受来访者打扰。

图片提供_天境设计

261

[隔间] 一举多得的收纳柜设计

运用玄关转角进来的墙面做上收纳柜，令畸零空间的运用更加淋漓尽致。而其中为了让悬挂于墙上的液晶电视和整体设计相结合，于电视后方以木板和收纳柜相接，并让原本的两格柜转至玄关走道处做钥匙等小物件收纳处，一举数得。

[技巧要点] 运用直觉性收纳

客厅电视柜旁的收纳除了可收纳遥控器等影音设备物品之外，也可将药箱、工具箱、电器说明书替换零件等一并收纳此处，直觉性收纳让整理更为省事。

262

[隔间] 鞋柜作分界，独立玄关不拥挤

利用鞋柜隔出玄关，顶高柜扩充收纳量，底部却脱开另作抽屉柜，上柜刻意内缩以拉出下方平台的深度当作穿鞋椅，满足小物品的收纳功能同时也顾及使用的便利性。玄关材质均选择亮面质地创造扩大小小玄关的视觉效果。鞋柜门板以白色钢琴烤漆与大理石材点缀，侧面则以灰镜延伸空间、加深质感，同时也有穿衣镜的作用。

263

概念 整合柜体+收纳

现代住宅的收纳空间不足，开放式的空间可依据动线将收纳柜体结合在一起，不仅与生活紧紧相连更方便收纳，也节省许多空间。

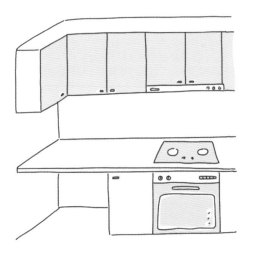

插画_黄雅方

图片提供_筑青室内装修有限公司

264

概念 卧榻+收纳

利用卧榻深度设计收纳不失为解决收纳空间不足的方法之一，卧榻收纳主要分为抽屉式与上掀式。抽屉式使用便利，而上掀式则是容量较大，但较不易使用，可依需求选择方式。

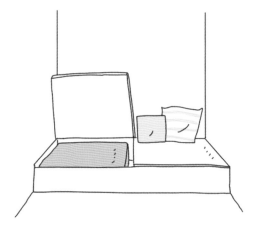

插画_黄雅方

图片提供_虫点子创意设计

265

概念 **楼梯+收纳**

楼梯不仅具有串联上下空间的作用，楼梯下的空间更是最适合作为收纳的地方。可在每一个踏步隐藏收纳抽屉，或是利用侧面规划一格一格的收纳柜。

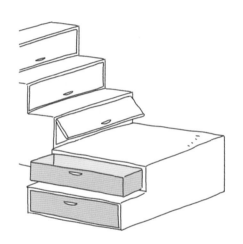

插画_黄雅方

图片提供_馥阁设计

266

概念 **壁面+收纳**

沿着墙面设置层板，不仅能做出足够的收纳空间，无背板、门板的设计也让视觉呈现更轻盈美观，并且也能让书籍成为美化墙面的一景。

插画_黄雅方

图片提供_杰玛室内设计

图片提供_日和设计

267

多功能 多功能屏风，解除风水疑虑

解开穿堂煞的风水顾虑，除了通过实体屏风、鞋柜或玄关柜，也能通过挂架遮挡视觉。运用立柱固定打造可旋转的屏风，除了可横于大门与窗户之间，亦可旋转九十度收至墙边、与墙切齐同一面，不占空间。黑铁打造的横轴屏风，可挂上S挂钩吊挂盆栽、包包、外衣，同时具有美化与收纳的作用。

269

多功能 多重延伸创造大尺度空间感

引入旅馆吧台功能的概念，利用转角处为喜欢红酒与咖啡的业主规划简易吧台，整合红酒柜、吊杯架、展示层板等功能，打造多用途收纳角落。其中从电视墙延伸而出的层板除了作为展示与置物平台，也顺势延展电视墙面，创造大尺度面宽的空间感。

设计要点 角落的多用途吧台

小吧台充分运用上中下的空间导入不同的收纳功能：上段利用吊杯架展示兼收挂杯子、中间平台置放咖啡机、下层空间则规划常温与低温的保存酒柜。

图片提供_筑青室内装修有限公司

268

多功能 巧用空间，扩大收纳区

拆除原有隔间，架高木地板后作为和室使用，35厘米的适宜高度，让户主父母不论是起身或进入都不显吃力。木地板下方也不浪费空间，设计三个大抽屉，便于收纳不常使用的物品，抽拉的设计也能方便开启。考虑到廊道宽度和五金尺寸，抽屉深度设定为60厘米，拉出后也能保有站立的空间。

图片提供_十一日晴设计

270

多功能 不同转角有不同收纳变化

收纳柜也可以被巧妙设计为宠物活动空间。客厅与餐厅的衔接处，特别将墙面设计为大型收纳柜，右侧为玄关端景平台，下方则为鞋子置放柜。转入客厅收纳柜则成为猫咪游憩区，里面设置了猫砂盆与活动跳台，透明玻璃柜门让此区成为百分百的景观窗，也让猫咪的玩耍身影成为家中让人目不转睛的一处风景。转入餐厅，收纳柜又成了实用的备餐台，可配合餐厅需要作各种弹性收纳。从玄关、客厅到餐厅，这个∏形收纳柜的另一个功能是将房子最主要的梁柱完美包覆，无论收纳性及功能，此收纳柜都是毫无瑕疵的完美。

270

271

272

图片提供_虫点子创意设计

图片提供_虫点子创意设计

271+272

多功能 客房内藏得住的收纳

现在为客房、未来规划为小孩房的这个房间，设定不使用床架并想增加更多的收纳空间而做成卧榻形式。前方为抽屉式后面则为掀盖式收纳，可置放换季衣物、棉被等少频率拿取的大型物品，即使后来放上床垫也不会造成影响。而墙内则使用活动层板，可依照放入物品的需求自行改变高度。

273

图片提供_明楼室内装修设计

273

多功能 设计丰富了玄关使用度

除了正面的五座悬空式鞋柜设计可提供大容量的鞋物收纳功能外，在窗边则以同样的自然材质延伸出座式柜体，搭配可拉出的抽屉椅，以及可以左右移动的桌板，增加了玄关区的娱乐与使用功能。

设计要点 内化收纳让玄关更朴实自然

为了让玄关的采光与优美风景可以分享给室内其他空间，特意将玄关的鞋物高柜倚墙而设，同时运用无把手的素色木皮柜门设计，加上悬空设计的轻盈感，使纯净自然的画面成为开门迎面而来的第一印象。

274

多功能 悬浮衣柜还能收玩具

女孩房空间利用窗边的开口处，规划衣柜与卧榻整合，看似悬浮的体量，其实是柜体底部贴饰镜面，且内缩隐藏双层抽屉，提供小女孩收纳玩具使用，右侧灰镜则给予穿衣整容功能。衣柜底部内缩令柜体呈现悬浮效果，抽屉仍有50厘米深度能使用，供女孩收纳小物，而预留2厘米沟槽，则无把手也很好开。

图片提供_大湖森林室内设计

275+276

多功能 巧妙结合门与柜的功能

针对书籍收纳同时又希望拥有展示空间的需求来说，漫画店中常有的移动式书柜设计，能完完全全符合这方面的需要。利用书柜深度较浅的特点，这里的书柜特别分成前后重叠的滑轨式柜体，前面以展示为主，后面则置放书籍，顶天立地的架设计柜体营造出宽阔大器的视觉效果。不同于漫画店的摆设功能，本柜另可作为厨房拉门，将轨道设于上方天花板，空间出入更无障碍，且能将较为杂乱的厨房作一遮蔽。

图片提供_白金里居室内设计公司

图片提供_白金里居室内设计公司

图片提供_筑青室内装修有限公司

277

多功能 一面柜蕴含三功能

将收纳柜切割成储物、展示与钢琴区，利用不同长方体的分割佐以相异材质的搭配，引入秩序美，是这面收纳柜多功能却不凌乱的秘诀。

设计要点 钢琴也是收纳的一部分

将钢琴整合成为展示收纳柜的一部分是此面柜体的设计重点。为使钢琴能融入整体体量，特别以白色烤漆作为主要材质，搭配直立与横向的挖空设计，提升了柜体的活泼性。底部以黑色美耐板衬底加强立体感，木质地则植入了温润。

278

图片提供_明楼室内装修设计

279

图片提供_明楼室内装修设计

278+279

多功能 阶梯兼坐区更是丰富收纳空间

电视台面同时也是楼梯的第一阶，另外，客人多时也可将此台面变为轻松的坐区。为了同时可以满足这么多功能，台面特别作了加宽、加长设计，这也让抽屉内部的收纳量相当惊人。

设计要点 楼梯、台面，傻傻分不清楚

利用客厅与餐厅间建筑本身的高低差，将电视台面与楼梯的阶面整合串联，同时也纳入客厅的收纳功能，合二为一的隐藏规划，不仅让空间整体设计感更为一致，也满足了空间的格局设计需求。

280

多功能 以斗柜补齐收纳功能

在床后方的背板区块设置了一个斗柜，其高度除了适合用来烫衣服，也能弥补衣橱内所不足的收纳空间。斗柜背板的茶镜做法不仅可以整装用，也可让空间感延续。而背板和天花板之间仍留有部分空隙，让空间规划看起来不显压迫。

技巧要点 衣物以吊挂为主抽屉为辅

衣柜内的收纳以吊挂为主，抽屉的功能则以斗柜取代，优点是斗柜的外层抽屉收纳量，会比衣柜内抽屉可收纳的空间还多。

280

图片提供_相即设计有限公司

281

图片提供_大器联合建筑暨室内设计事务所

281

多功能 组装木箱创造空间弹性

为合乎运动潮店品牌精神，大量使用木栈板、枕木、空心
砖等粗犷材质的材料组成店铺的展示暨收纳空间。滑梯造
型的倾斜木板犹如产品的伸展舞台，底部栈板钉制的木箱
设计可以自由组装堆叠，顺应店内活动扩张或缩减，满足
商业空间的弹性运用。

282

282

多功能 做什么都可以的万用空间

结合餐桌、休憩、收纳的万用空间，用餐时是小孩们的餐
桌坐椅，平时则是游戏与午睡小憩的场所。平台下方和阶
梯部分皆可做收纳。

设计要点 和室收纳深度40~45厘米

和室下方的收纳高度多会配合人体工学，让我们可伸脚下
去或是沿着边坐时能够更舒适，建议深度为40~45厘米。
宽度设定则建议为60~90厘米，方便物品拿取收纳。

图片提供_馥阁设计

283

图片提供_大湖森林室内设计

283

多功能 线路槽两侧整合CD书籍收纳

长形老屋地下室为办公空间，为了在有限空间内争取可用的座位数量，以两两相对的排列方式为规划，分隔座位之间的白色立面。两端可收纳CD或是小尺寸书籍，中间则是线路槽，通过天花板做串联，让桌面、层架没有线路的干扰。

284+285

多功能 依照对应区域创造多种收纳功能

夹层空间以两段式楼梯衔接楼层，分别利用楼梯下方空间规划复合式收纳功能。第一段楼梯下方为隐闭式收纳空间，第二段楼梯部分设计为开放式书架。较低的台阶高度让这里也成为小朋友的阅读坐区，而靠近入口的侧边则以抽屉式设计收整鞋子。

设计要点 将东西收于无形之间

第一段楼梯下方同时也是沙发靠背的位置，借由隐闭式收纳，可以收整一些较少使用的杂物，当沙发紧靠时完全隐藏收纳于无形之中。

284

图片提供_贺泽室内装修设计工程有限公司

285

图片提供_贺泽室内装修设计工程有限公司

图片提供_伊太空间设计事务所

286

多功能 浴室收纳层架

在洗手台旁以黑色铁件打造边框，搭配灰玻璃做的层板，可放置展示品，
也可摆放毛巾等生活用品，强化浴室空间的收纳功能。铁件最下方的层
板，可放置毛巾等日常物品以方便拿取，中间高度较高的层板则可放置花
瓶等装饰品。

288

多功能 向上发展的收纳巧思

高度够又受限于小面积，除了让柜体向上发展，以无形的收纳方式偷用上方的空间而不至影响空间感外，聪明运用小面积的收纳技巧，在于找到空间可利用的价值。因此利用空间挑高优势，将玄关上方空间用来收纳单车，高度发挥了空间的利用效率。大门入口上方也丝毫不浪费，以黑铁在上方架出藏酒展示架，与黑色大门形成一体视觉，巧妙地将收纳化为造型。

图片提供_日和设计

287

多功能 顺应空间做收纳

因为平面宽度小，又需配置衣柜与床铺，因此至顶衣柜采用耐脏好清理的白色雾面烤漆，化解了高柜带来的压迫感。另外搭配橡木钢刷木皮框边，让原木色彩增加空间温度。柜体不做满并以矮柜取代高柜，同时又有床头板功能。另外再加装层板做收纳，补足收纳的需求。

图片提供_杰玛室内设计

289

290

图片提供_馥阁设计

图片提供_馥阁设计

289+290

多功能 电器柜变身阶梯

为了让小面积能够发挥最大功能，厨房的电器柜可遥控拉出来变成通往二楼的阶梯，完全不浪费一丝一毫空间。面积小收纳要多加考虑，在设计时即先确认自身的物品与需求，将东西放在对的地方，除拿取方便外更是节省空间。

291

多功能 挑高书墙结合楼梯与夹层

挑高4.2米的住宅空间，利用垂直高度创造出整面书墙。更特别的是书墙也结合楼梯与夹层，通过复合式设计的简约线条，不但让空间有放大效果，令丰富的藏书成为具人文气息的墙面风景。书墙的高度取决考虑户主藏书多为精装大开本，因此每个层架高度约为30厘米。

291

图片提供_大湖森林室内设计

292

图片提供_大湖森林室内设计

292

多功能 主墙融入双面柜，赋予多元功能

复合式电视主墙，运用条状不规则木材收整立面，同时也结合双面柜手法，可将影音设备、CD、杂物等收纳于此，除设备采用开放式收纳外，其余则通过抽屉或是门板打造，让功能隐藏不着痕迹。收纳影音设备部分选用黑白根石材铺陈，淡化设备的存在感，空间更为整齐利落。

293

多功能 高效能的收纳功能

在一片素净的白色居家中，利用半圆形的沙发作出隐性空间的界定，半圆的造型与圆形天花呼应创造一致的视觉调性。特别订制的家具巧妙纳入收纳功能，沙发椅垫掀开就能成为放置各种物品的储藏柜，为50平方米的居家创造高效能的空间使用。

设计要点 每个椅垫都是储藏柜

每块椅垫下方都是一个个的独立储藏柜，适合放入不常用的换季物品、电器等，保持空间的整齐洁净。

293

图片提供_摩登雅舍室内装修设计

294

多功能 用途收纳柜让书房并然有序

家中的书房空间常伴随着许多零散文件及设备，在墙面收纳柜的规划也需顺应这些物件的收整。上方设计大跨度的开放书柜，并在滑轨嵌入可移动的黑、灰及茶色玻璃，可随喜好及需求任意调整玻璃位置，让展示和收纳变得更加有趣。下方则规划摆放传真机、复印机的台面，同时有收整杂物的抽屉，孔洞门板背后置放网络设备则具有散热作用。

图片提供_贺泽室内装修设计工程有限公司

295

多功能 整合多元收纳，小宅好宽敞

面积较小但为在功能与空间之间取得平衡，则开放式厅区置入一整面柜墙设计，包含玄关鞋柜、储物柜、电视主墙、书柜，通过整合概念，释放出简约且利落的空间感。柜体以白色烤漆搭配胡桃木皮作对比呈现，让体量更有层次与变化性。电视墙下方的悬空设计除了令柜体轻盈之外，同样也是收纳玩具箱的好去处。

图片提供_甘纳空间设计

296

多功能 透明隔间让空间感更放大

客厅旁的多功能空间，以高自由度的开放概念为设计主轴，运用玻璃的穿透特质，打造零空间感的宽广区域。三面墙面以烤漆玻璃处理，让光线的层次更丰富。多功能室内特别将地面抬升40厘米，让室内地板之下可以收纳各种生活用品及杂货。中央和式桌亦有特殊电动升降处理，不需要时可降至地面，让交谊厅成为可睡卧的客房，或是孩子的玩乐区域。架高的和室地面侧边除了阶梯式设计多了便利与层次外，同时巧妙延伸至客厅沙发处成为实用性高的茶几。

图片提供_白金里居室内设计公司

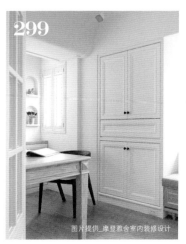

图片提供_明楼室内装修设计

297+298

多功能 乘坐、收纳、置物皆相宜

不仅在入门玄关规划有落尘区来区隔内外，因玄关享有临窗景色与自然采光，设计师在此特别以成排的椅柜设计，搭配可移动的L形轨道桌板，让玄关矮柜不只有收纳功能，也成为家人赏景、阅读与聊天的发呆坐区。

技巧要点 功能座椅随手收纳

户主一回家可先在此稍事停歇，同时椅面可放置包包、方便穿脱鞋。而椅面下的柜子除了置物外，还可以拉出来作为独立椅凳，椅子内可以放置书籍或是文具，不仅达到随手收纳的方便，也不会在想要该物品时忘了放哪。

298

图片提供_明楼室内装修设计

299+300

多功能 善用畸零空间，让书房更舒适

利用结构梁柱的深度规划收纳柜，中央设计放置办公设备的区域，滑门的设计方便开关，也不占空间。同时沿窗边设置卧榻式休憩区，可开关的窗边台面，约90厘米的高度可收纳大型物品。卧榻下方同样设置抽屉，让书房变得实用又舒适。在面积小的书房中，不仅让家具结合收纳功能，同时利用窗台的高度，设计可开关的木制台面，具备优势的高度，能够容纳行李箱、棉被等物品。

299

图片提供_摩登雅舍室内装修设计

300

图片提供_摩登雅舍室内装修设计

301

图片提供_拾雅客空间设计

301

多功能 量身订制让收纳更灵活

考虑未来另有用途，因此量身订制活动式梳妆台，以便于善用主卧预留下来的空间。材质选择与腰墙相同的木素材，融入整体空间风格中不显突兀。因考虑未来可能移至其他空间使用，台面也以多功能做设计，立起台面就是女主人的梳妆台，收起来就成了可书写的写字台。

302

图片提供_相即设计有限公司

303

图片提供_相即设计有限公司

302+303

多功能 巧妙避梁规划收纳空间

卧房内的床头位置为了避梁风水而做了吊柜，以及和床背板同高的矮柜，两者中间的腰带空间可用来摆放小型展示物或手机、戒指等用品。门旁的梯子可用来当作摆饰，以及吊挂衣物、毛巾等功能性使用。

图片提供_相即设计有限公司

304

多功能 跨空间的收纳规划

小孩房内书桌的柜体以弧形收尾，除了运用活泼的视觉元素，让
小孩房的氛围不致过于单调外，也可摆放电器或是成为临窗的卧
榻空间。另一个原因则是弧形部分的空间，其实是背对墙的厨房
用来放置电器，在收纳空间分配上极具巧思。

305+306

多功能 架高床区正好眠，也好收纳

考虑房间空间不大，决定将木地板局部架高作
为卧床区，而架高木地板的下方同时设计为收
纳区。此设计最大好处是可在不压缩睡眠空间
的情况下还增加收纳容量，此外，窗台也可作
为床头柜，让小物品都有专属的容身之处。

设计要点 六个抽屉柜＋上掀柜收纳季节用品

想要在有限的空间中放入床架、橱柜及简单书
桌等物件，可以考虑使用立体的叠式设计手
法。图中可以见到床架下方除了有六个大容量
的抽屉柜外，床中间也可以利用上掀式收纳
柜，容量相当可观。

305

图片提供_明楼室内装修设计

306

图片提供_明楼室内装修设计

图片提供_虫点子创意设计

308

图片提供_虫点子创意设计

309

图片提供_虫点子创意设计

307+308+309

多功能 平凡中的多元设计

入口进来一面是鞋柜，白色门板与墙面融为一体。为了不让空间感到单调，则让穿鞋椅延伸上来多了一个ㄇ形设计，并设置了浅抽屉可摆放钥匙与信件，还可当作穿鞋的扶手。另一面则是灰镜搭配清水模，灰镜不仅能当穿衣镜也让空间呈现放大错觉。

设计要点 透气孔排解鞋臭味

鞋柜内预留吊挂外套的空间，悬空的柜子下方则留了透气孔，不让鞋臭味在柜中蔓延，变电箱也巧妙地藏在里面。

310

多功能 收纳柜延伸的多功能桌面

从墙面收纳柜延伸出台面，平时可当成工作台面或者是吧台使用。工作台面下方考虑做满会让空间感觉显得有些拥挤，因此仅以木作为支撑，并选择浅色木素材与白色柜体做搭配，营造清爽、利落感。剩余的长型畸零空间，若作为收纳并不方便使用，因此设计成可摆放酒的酒柜，让空间可以有效利用。

310

图片提供_杰玛室内设计

311

多功能 收纳结合卧榻满足多重需求

这是户主当作假日放松悠闲的小别墅，由于三面采光，因此特意将柜体高度降低，让光线可以毫无遮蔽地引入室内。客厅靠墙矮柜以具疗愈感的橡木打造，贯穿空间的柜体具延伸、拉宽空间效果，尺度经过计算，不仅可作为收纳柜，同时也便于坐卧，弥补小空间座位不足的问题，也能营造有如度假般的轻松、慵懒感受。

图片提供_杰玛室内设计

图片提供_馥阁设计

312

多功能 卧榻整合沙发、床铺与收纳功能

因为户主觉得家中不需要有沙发，而选择做了卧榻，卧榻上以坐垫拼接。坐垫可以移动后组装成床垫，让午后小歇有了另一个空间。而卧榻下方也不浪费，隔成收纳柜，随手收拾客厅小物十分便利。

图片提供_日和设计

图片提供_日和设计

313+314

多功能 多功能化妆台，收纳一应俱全

以女性的使用角度规划多功能收纳柜，除了衣物收纳，转角依照高尔夫球袋与行李箱尺寸规划专属放置区。并顺应女主人的使用习惯，在化妆桌侧边设计拉抽，瓶瓶罐罐的置物架落于女主人坐着化妆时，伸手便可取的高度，极为贴心的收纳细节。

技巧要点 工字形图钉收整饰品

多功能拉抽的背板铺上软木垫，作为首饰吊挂区，依照每件首饰的大小长短自行钉上工字形图钉，比起固定的首饰架多了弹性与质感。

315

图片提供_贺泽室内装修设计工程有限公司

315

多功能 考虑使用需求，美感及实用并存

户主有收藏杯子的嗜好，因此在整个餐厅区域考虑到多种收纳功能，沿着墙面以木作设计深度较浅的横向展示柜，搭配系统柜规划电器柜，并整合冰箱摆放位置，充分满足多种使用需求。

316

多功能 档案收纳集中吊柜，发挥最佳功能

此案为住办合一空间，多动线环绕与多功能设计，方便户主随时转换住宅与办公场景。此外，为便于管理与让空间达到最佳利用，员工办公区集中在中间，可将档案资料收纳于吊柜中。考虑办公资料多为大尺寸，吊柜以A3资料夹规格为主，方便给予完整的收纳。

316

图片提供_大湖森林室内设计

317

图片提供_相即设计有限公司

318

317+318

多功能 以收纳设计解决风水问题

一般从风水角度来说，厕所的门不宜正对床，因此在床的后方设计了一个类似书桌的空间，巧妙地将床视觉位移到房间正中央，书桌的位置则取代床正对厕所门。而后方的左右两边是衣柜，中间则是艺术品的摆放空间。书桌的长条桌面可当作床头柜使用，摆放手表、戒指等每天都要穿戴的饰品，也可放置手机或睡前阅读的书籍。

图片提供_相即设计有限公司

图片提供_杰玛室内设计

319

多功能 开放式设计扩大空间感

从玄关开始到书架上方的天花板，利用黑色铁件拉出空间线条，使视觉有延伸的感觉，并使用相同素材制作悬浮书架。而书桌左侧以黑色玻璃隔出衣帽柜，穿过的衣服外套都能随手悬挂。开放式的设计除了让衣物更透气外，同时也扩大了空间感。

320

多功能 收纳也能禅味品茗

为了让每个地方都不浪费，让三人住的约28平方米的空间达到最大的利用。床前的三格上掀式收纳空间不仅能收纳寝室用具与衣物，在关上时则与禅味十足的榻榻米结合成为席地而坐的品茗玩味之处。

320

图片提供_馥阁设计

321

多功能 整合收纳让生活空间更开阔

柜体以白色雾面烤漆降低了至顶高柜的沉重感，并刻意留下一面开放式收纳柜，延伸空间深度。柜面以极简线条维持平整度，只简单地在暗把手内侧贴上深色橡木染色木皮，以深浅对比作点缀。借由柜墙设计，设计师将一个家所需要的收纳功能进行整合，避免因收纳产生零碎空间，也让生活空间更为宽敞。

321

图片提供_杰玛室内设计

322

多功能 两全其美的百分百舒适空间

既想保有卧房的私密性，又想兼顾起居室可阅读、办公的特殊需求，此个案以收纳柜及拉门巧妙地将同一空间区隔成两种功能。拉门内成为百分百宁静、安心的睡眠空间，拉门外则成为阅读、办公区域。同时从客厅门廊进入卧房时，这一简单的中介空间也大大缓冲了从外入内的压迫感。卧房内将更衣室以镜面拉门隐藏在空间中，移动门板的瞬间也创造了不同的空间感。

323

多功能 收纳墙面的功能强化

一整面白色柜子从玄关处开始延伸，在餐桌后方形成一整片收纳墙面，收纳空间充足。中间则以展示收纳的带状空间点缀，让上下柜子中间具有区隔感，且增加了可放置展示品的收纳空间。餐桌后方的白色收纳柜，可收纳厨房桌巾、新的碗盘等物品，也可补齐客厅不够的收纳空间。

图片提供_伊太空间设计事务所

324

多功能 订制专属的多功能家具

40年的老屋本身有层高和面宽的限制，再加上屋主偏好巴厘岛，因此量身订制深具南洋风的木制沙发。一体成型的设计恰巧配合墙宽，下方则另外设置抽屉。左右则有对称的几柜，大大增加了客厅的收纳功能。再铺上不同色彩的抱枕，充分发挥混搭趣味。

设计要点 让沙发也成为收纳柜

由于是订制沙发，下方特别设计抽拉式的柜体，让位于底部的收纳，也能好用又好拿，可收纳常用的居家用品、文具等。

图片提供_摩登雅舍室内装修设计

325+326+327

配合户主想要更衣间却受限面积不足的缺憾，将梳妆台与衣柜结合，并内藏化妆椅，一拉出就能形成完整独立的梳妆区，不用时就能随手收整，让空间保持开阔。同时融入电视机柜，增加视听功能，整体形塑出多效合一的多功能柜。

325

图片提供_漫舞空间设计

326

图片提供_漫舞空间设计

327

图片提供_漫舞空间设计

设计师不传的私房秘技·完全解构收纳设计 **500**

功能收纳·多功能

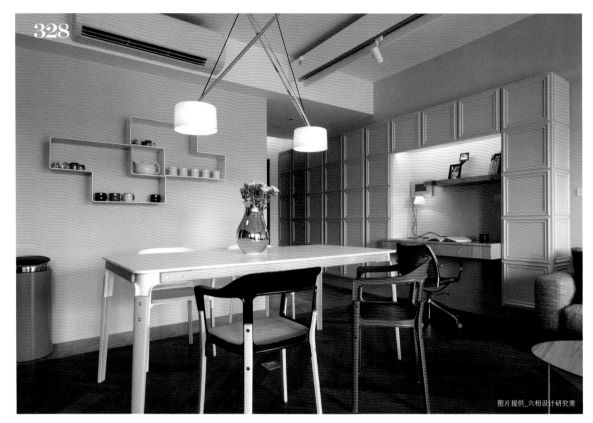

图片提供_六相设计研究室

328

多功能 集中收纳，开展空间尺度

将收纳做集中可减少空间过多分割，进而营造小空间开阔感，因此从玄关延伸至客厅的收纳柜，便将鞋柜、书柜、书桌三种功能整合。门板以装饰效果的线板做分割，活泼了柜体表情，也注入了古典风格元素。另外再刷以浅蓝色，借此创造柜体清爽、利落感，并在视觉上创造空间深度效果。

技巧要点 运用动线整合柜体

这样让收纳集中的柜体，要好用就要凭直觉做运用。利用生活动线为依据，靠近玄关处为鞋柜，接近客厅的部分则为可收纳书籍及杂物的收纳柜，再加上书桌的设置，收纳简单又自然。

329

多功能 运用玄关墙面收纳柜美化电源箱

电源箱大部分都位于入口玄关处，利用复合式收纳柜的设置来美化，提供进出空间时收整鞋子、钥匙及信件的功能，同时能将电源箱不着痕迹地隐藏在柜体内。而位于入口的柜子结合开放式及隐闭式收纳，借以分门别类地收整鞋类及小物等不同性质的物品。

图片提供_彗星设计

330

图片提供_天涵空间设计有限公司

331

图片提供_天涵空间设计有限公司

330＋331

多功能 释放空间，大玩餐桌餐柜隐身术

可折叠收纳的餐桌让客餐厅更为宽敞。平常收纳在墙壁上作为壁面装饰端景，用餐时放下便成五人用的餐桌，后方固定的浅柜亦可以摆放饰品及餐具。就连餐椅的藏匿也极具巧思，在餐厅左侧高柜设计ㄇ形嵌缝，与ㄇ形长凳一体成形又不占空间。

332＋333

多功能 展示、密闭皆可的衣柜设计

窗户旁做了可挂衣服的吊架，而因为外层抽屉的收纳空间比衣柜内的抽屉来得大，故以门板加外层抽屉的斗柜代替衣橱空间。上方天花板的凹槽则装了电动卷帘，放下卷帘便形成一个密闭式的衣柜。

技巧要点 窗边挂架方便预先置装

衬衫等怕皱的衣物可吊挂在窗边的挂架，除了可以通风、透光避免霉味外，还可吊挂隔天要穿的衣服，方便置装。

332

图片提供_相即设计有限公司

333

图片提供_相即设计有限公司

图片提供_相即设计有限公司

334+335

多功能 一物多用的收纳斗柜

此处的斗柜不仅具有收纳功能,顺应户主需求规划出90厘米的高度方便熨烫衣服。最上层桌面采用透明玻璃,方便寻找手表、戒指等饰品的位置,也具备防尘作用。上方的吊架则具美形收纳的功能,多了层架以增加摆设空间。

设计要点 不同尺寸符合不同收纳

针对不同需求而设置不同高度的抽屉柜,第一层抽屉可收纳手表或饰品,下方较深的抽屉可摆放衣物,上方的层架则可摆设相框或艺术品等物件。

图片提供_杰玛室内设计

图片提供_杰玛室内设计

336+337

多功能 一个柜体的两种表情

多功能的大型吊柜靠近玄关处为鞋柜,悬空鞋柜下方可摆放平时常换穿的鞋子。靠近餐厅位置则为开放式展示柜,展示柜里还设置间接灯光,可加强展示效果,营造空间氛围。柜体采用颜色较浅的木素材,给空间注入温度,同时也与深色瓷砖作出深浅对比的有趣变化。

338

图片提供_摩登雅舍室内装修设计

339

图片提供_摩登雅舍室内装修设计

338+339

多功能 功能与舒适并具

客厅和主卧都利用窗边采光最佳的地方，增设具有收纳功能的卧榻。尤其客厅区卧榻的深度够，约60厘米深的卧榻，采用抽屉式收纳，蹲下抽拉一点都不费力。也可当作座椅伸用，朋友聚会都能容纳得下。同时卧榻两侧加装高柜，形成倒ㄇ字形的收纳空间，东西再多也不怕。

图片提供_漫舞空间设计

341

图片提供_漫舞空间设计

342

图片提供_漫舞空间设计

340+341+342

多功能 抽拉设计，取用更顺手

由于厨房与餐厅位于不同的动线，且在面积有限的情况下，选用可折叠收纳的餐桌，维持空间的开阔。并沿天花大梁设置电器柜，运用抽拉盘的设计，微波炉、电饭煲都能顺手使用。同时设置侧柜可放置罐头、备品等。

设计要点 预留深度有效散热

为了让电器能有效散热，深度必须留有60厘米以上，每层高度则依照电器有所不同，一般多为40厘米高。

344

多功能 充满书香与宁静感的更衣间

考虑户主除了需要大量衣橱来收纳衣物外，同时也需要有化妆台与阅读书桌，因此选定在采光优异的窗台边摆设多功能桌椅，桌板的高度与宽度恰好可以让更衣间保留自然光源，形成舒适又没有压迫感的书香更衣间。除了在书桌的右侧规划有长达8米的衣橱外，多功能的桌面设计则让这个更衣间增加更多用途。平日盖上桌板可在这里阅读、打电脑、写写东西，而需要化妆时桌板上镶嵌的镜面、化妆品可供使用，相当省空间且便利。

图片提供_明代室内设计

343

多功能 善用梯间，变身小型展示区

L形转折的楼梯下方，适当的深度留出小型储藏室的空间，由于有展示和藏书的需求，并于墙面设置开放书架。以在墙面埋进木盒的概念，增加书架的承重力，让具有相当重量的书本，也能安然置放。30厘米×40厘米的尺寸，一点都不浪费空间，整体视觉更为紧致有度。

图片提供_Z轴空间设计

345+346

多功能 兼具收纳的展演平台

延伸神明桌与楼梯底部结合的收纳平台，让楼梯空间有了更多想像。稍微垫高的高度，不仅可以在这里歇脚休息，下方亦可以收整客厅的小物品，让随手收纳更彻底地体现。

图片提供_虫点子创意设计

图片提供_虫点子创意设计

347

多功能 兼具收纳功能的窗边卧榻

主卧沿窗规划欧式风格的窗边卧榻，下方则设计抽屉式收纳，让这一区成为兼具休憩功能与实用收纳的多功能空间。而卧榻转折向上，沿墙做出L形的梳妆台，延续至开放式柜格，一气呵成的造型简单精巧，空间运用一点都不浪费。

图片提供_摩登雅舍室内装修设计

图片提供_伊太空间设计事务所

348

多功能 中西合并的收纳风格

书房内的收纳空间以层架加上抽屉为主,书桌前方是颇具东方韵味的中式柜体,门板开法有如门栓的概念,整片墙面以黑色为主。而书桌背面则是以木头为主的原木色调,平衡了前方墙面的黑色基调。黑色收纳墙面以放置展示品为主,下方也有可放置播放器的空间。背面原木收纳柜则以摆放书籍为主,巧妙地以颜色区分出功能性。

349

多功能 结合多功能的L形卧榻电视柜

为了不浪费空间,在窗户下做具有收纳功能的卧榻,取代阳台观景功能,并呈L形延伸至电视下方成为电视柜。窗边卧榻采用上掀式收纳,可将书报等杂物收整入内。而电视下方为抽屉式收纳,可收拾遥控器、电池、家庭药品等小物件。

设计要点 卧榻40~45厘米高符合人体工学

在居家客厅书房和卧房等空间,常会在窗边规划一些观景台座,为了座卧的舒适性,建议依照人体工学的角度高度设计在40~45厘米,宽度则可以依照需求设定。

图片提供_虫点子创意设计

350

多功能 轻浅色调虚化柜体存在感

碍于头压梁的风水禁忌，因此设计师借由切齐梁柱打造整面收纳，化解风水禁忌，也加强了女儿房的收纳功能。规划上采用一半隐藏一半开放式收纳，开放式收纳整合书桌功能，形成好用的阅读工作区。呼应女儿房轻盈柔和的浅绿色调，收纳柜皆用白色调，成功弱化体量，降低压迫感。

350

图片提供_怡雅客空间设计

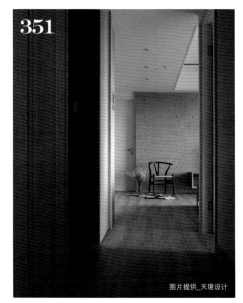

351

352

351+352

多功能 一门两用让杂物仿佛进入空间黑洞

以廊道来说,左边有一项天立地置物区域,提供户主电器、杂物储藏摆放。旁边则是房间入口,设计师在此特别加了活动拉门的两用设计,一方面是房门,另一方面可当储藏柜门,不仅增大了室内空间,也可遮蔽置物区的杂乱感。

设计要点 清爽日式力求极简

这是房间通往客厅的廊道,户主以大面积的清水模涂料作为客厅主墙,让整间房屋室内以清爽的日式简约风为设计主轴。由于力求极简,不仅舍去了多余家具,在收纳空间上也尽量减少开放式层架摆设,让室内线条单纯清爽。

353

353

多功能 不仅是走道还是展示间

男主人热爱玩生存游戏,因此运用走道空间设置一个展示平台满足摆设需求。因为枪支的造型已较为复杂而迷彩的颜色也很多元,故在设计上反而将线条简化并让颜色单一,仅运用活动性铝条使物品悬挂,让展示品的原味完整呈现,走道不仅是走道还是展示间。

技巧要点 展演模式

生存游戏展示柜下方,可以收纳游戏的其他物品如头套或是小零件等,也可将上面展示不下的用具收于下方,让收藏品轮番上阵。

图片提供_摩登雅舍室内装修设计

图片提供_摩登雅舍室内装修设计

354+355

多功能 满足收纳需求的多功能柜

由于仅有50平方米，量身订制深度较深的斜面电视柜，柜体下方还隐藏了办公设备的收纳，在小空间中发挥极大实用功效。一旁的复古欧式书柜也藏有玄机，顺着斜面的把手拉开，便可作为书桌使用，内部还有电脑等可使用的线孔，充分满足公共区的收纳需求。

356

多功能 柜体与床铺合一，提高空间利用率

房屋本身具备挑高的优势，再加上小孩房面积仅有6平方米。为了善用空间，衣柜拔地而起，将床铺移至柜的上方，同时辟出游戏区，形成L形连续空间，无形扩大了睡卧区域。下方衣柜的造型承袭全室英式风格的简约，左方则留出书桌，开放的层架方便未来作为书架使用。考虑到未来小孩的成长，不仅衣柜选用正常尺寸，170厘米高、60厘米深；内部也采用活动层板，具机动性的功能，可视小孩的身高调整。

功能收纳重点提示

357
提示 穿鞋椅也可当作小型鞋柜

为了让使用者更好地弯腰穿鞋，穿鞋椅高度多会略低于一般沙发的40~45厘米，在38厘米左右，深度则没限制。但如果不想浪费这个特别规划出的使用空间，并有足够空间的话，不妨做到40厘米的深度，便于做成小型的鞋柜使用。此外虽然一般人都会把袜子收纳在衣柜里，但是其实就使用动线而言，穿袜子的原因就是为了穿鞋，所以不妨将两者都规划在玄关，需要时可以直接拿取，省略了特别从卧房拿到玄关的动作。

358
提示 鞋柜内建吊挂收纳摆放伞具

要增添鞋柜内的雨伞收纳空间，大多有两种方式。较为常见的是直接在鞋柜下方90~100厘米的高度，设计一小段衣杆作为雨伞的吊挂空间。折叠伞的部分，则简单设计一小块层板放置即可。更简单的方式，则可以将鞋柜做得略深一点，并直接将门板稍微后退8厘米，直接在门板后方进行挂钩，做吊挂收纳即可。

359
提示 活动屏风成家电柜的功能装饰

家电柜的规划，中段台面是使用最频繁的家电料理区，可补充工作光源解决照明不足问题，再辅以造型屏风拉门作为遮蔽与装饰。另外90厘米台面下方第一排为黄金收纳区，可将常用的烹饪工具、保鲜膜等东西规划在这里，提高了使用效率。

图片提供_馥阁设计

360
提示 观景座位结合收纳功能

居家客厅、书房和卧房等空间，常会在窗边规划一些观景台座。为了坐卧的舒适性，建议依照人体工学的角度，设计在40~45厘米。宽度则可依照需求而定，如果想让双脚可以更舒适地放在上面，宽度则可做到50~60厘米。

361
提示 卧榻收纳"平行抽拉"最便利

如果想在座榻旁边设计一小块的平台，并结合收纳功能的话，可以选择抽拉轨道替代上掀式五金，以便在需要拿取下方物品时，只要往旁轻轻一拉，不需特别清除台面杂物就能拿取下方物品，相当方便。

362
提示 化妆台复合式规划共用收纳

为了使用方便，保养品通常跟着化妆台走。当住家空间有限，可利用复合式概念整合，化妆台可结合视听柜、衣柜等不同区块，共享同一收纳空间，是经济、美观的方式。

363
提示 复合式平台好收又好用

会产生蒸汽的小家电，像电饭煲、电热水壶等，并不宜放在柜子里，建议可在餐柜中间设计内凹的平台，并内藏活动式餐桌，不但解决了这类家电用品的收纳，还多出一个备餐台和餐桌可使用。

364
提示 分格规则以自己顺手为优先

餐柜抽屉中的分格并无特定的规则，应以取放顺手为主，是否美观并非主要重点。正因为使用习惯不同，所以别人的排列规则并不一定适合自己，最好能依照自己的喜好搭配组合，才能符合自己的使用风格。

365
提示 柜体垂直化圆满收纳需求

当空间面积不大并身兼双功能，不妨将垂直化概念导入柜体中，让柜体尽量沿梁下来做设计。制作高度顶及天花板的柜子，内部注入不同层板设计，既有书柜功能，收纳传真机、复印机的功能也不会偏废。

四、

美形收纳

每天生活的地方当然是希望能漂亮又舒适，
在里面活动时才不会感到烦闷，
因此现在的收纳不仅讲求好收、实用，符合居家风格，
具备美观也是重要的标准之一。

材质

366

概念 **实木贴皮**

底材多为木材或密底板表面再贴上实木贴皮，木材通常能呈现温润厚实的质感。而为了带出更多木材质的触感纹理，现在许多人会在厚木贴皮上再搭配所谓的"钢刷"处理来加深木皮表面的纹路，甚至营造"仿实木"的质感。

图片提供_六相设计研究室

367

概念 **镜面与玻璃**

同样属于亮面材质的镜面和玻璃，能让空间看来更具时尚感，可说是材质中常见的选择。其中具有反射特性的镜面可以为空间带来延伸效果，而略带透明感的玻璃除了常见的清玻、黑玻、烤玻和喷砂玻璃外，尚有彩绘玻璃、装饰艺术琉璃和夹纱玻璃等装饰价值极高的选择。

图片提供_光合空间设计

插画_黄雅方

368

概念 **铁件**

质感细致的铁件，勾勒细腻而明确的线条质感，而常用于柜体门板的收边设计，并可搭配简单的仿旧处理，增加复古质感或是营造工业风格。

图片提供_近境制作

369

概念 **石材**

石材是室内空间设计不可或缺的角色，其绮丽多变、有机的质感，加上纹路颜色的不同，材质特性的差异，让它成为可塑性极高又能展现居家风格的材料。

图片提供_近境制作

370

概念 **钢琴烤漆**

底材多以密底板制作，表面需经过7~10层的烤漆程度处理。外观呈现光亮的表面，质感佳，能在小空间中具有放大的效果，且有不易掉漆、易清洁的优点。

图片提供_Z轴空间设计

371

材质 运用镜面材质，丰富柜体表情

将玄关收纳柜设计延续至客厅，让收纳功能统一整合于同
一立面。为避免连续立面柜体容易产生压迫、沉重感，因
此门板以镜面与木材交错设计，一方面活泼柜体表情，借
此弱化收纳柜的存在感，成功转化成妆点空间的墙设计。

372

材质 冲孔铁件让物件收纳一目了然

利用冲孔板或网架，喷刷上不同色彩以跳脱对工业铁架
的刻板印象，再搭配挂钩或收纳配件，就是一件适合收
整使用频繁又难被分类的杂物，一目了然的摆放式增加
了使用率。

技巧要点 随意吊挂营造自由空间

开放式挂架有趣的地方在于可以随意地变化吊挂物件及位
置，就像是一幅画框展演生活上的不同想法，营造出自我
居家风格。

373

材质 怀旧复古的桧木衣柜

此为长辈专属的起居空间，对于桧木情有独钟，故特别找来专做桧木的老师傅一手打造复古衣柜。设计师则是精心挑选较为古典的黄铜把手搭配，结合榻榻米地面的运用，有如回到从前。而桧木本身具有淡淡香味，比起一般木质衣柜亦有抗潮、防虫的效果。

图片提供_甘纳空间设计

374

材质 不锈钢的光洁透露空间刚性

在三片不锈钢层板两侧，特别运用黑铁件的直向线条来点缀造型并且强化结构。另外，在层板下方则有凹槽造型变化，既可嵌入灯光也能增加美感，这些设计细节对于空间质感提升均有关键的影响。

设计要点 开放式层板减低空间压力

考虑书房空间宽度有限，不适合再架设封闭式门柜来增加空间压力，因此以开放性层板书架设计，同时运用具有光泽感的不锈钢材质来展现利落与刚性之美。

图片提供_近境制作

图片提供_近境制作

375

材质 编织铁材与复古木感交融

为了呈现出户主喜爱的欧洲怀旧质感，先以烟熏橡木的色调晕染出古典人文氛围，同时在书柜造型上运用简化的古典线条来呈现时代美感。造型也采用了对称与协调的视觉设计，最后加上光泽感的铁件与编织门板，秀出创意与工艺价值。

377

材质 成为视觉焦点的美形收纳

在挑高墙面以铁件打造一个大型收纳，借由粗细不一的线条，形塑不规则的独特造型，并借此增加趣味变化，将铁件以特殊工法嵌入墙面，宛如与墙面融为一体，则能创造出更为利落、简洁的视觉感受，也让原本单调的男孩房，变得更具个性。铁件厚度约为3mm，借由轻薄的铁件，让大型量体也能展现轻盈感。

图片提供_拾雅客空间设计

376

图片提供_Z轴空间设计

376

材质 沿墙设计长形木柜

窄长的卧寝空间中，由于面积有限，沿床头设计长形木柜，除中央利用掀板收纳寝具之外，右侧的两层抽屉则是顺应户主收藏钟表的需求而特别设计的。上方再加上深色铁件与灰色背墙相呼应，开放层板设计，让视觉更添变化。

设计要点 床头柜宽度30厘米放小物件

木地板架高后，采取降板式设计，中央挖空让床垫内嵌至木地板中，同时床头的寝具收纳有了足够的高度。而柜体深度约30厘米，刚好可放入手表等小物件，不占据过多的空间。

378

材质 大理石柜延伸主墙气势

除了借由柜面石材来反射自然光外，因客厅电视墙面宽稍嫌过窄，设计师巧妙地以同色调石材地板做衔接，并紧接转折至侧边的石材墙柜上，让视觉产生隐喻延伸错觉，顺利地使正面的电视墙有放宽效果。

设计要点 石材搭配铁件安全质感并具

为了避免大面积石材柜门带来承重的问题，在材质的挑选上采用薄片石材搭配铁件架构与木皮，让结构安全与石材的质感同时可以得而兼之。

图片提供_大器联合建筑暨室内设计事务所

379

材质 巧用材质创造柜体景深

利用客厅的挑高优势，在沙发背墙打造通高展示柜，将原先挑高的空间再度向上延展。搭配材质运用的巧思，整座柜体有深色橡木的稳重，却也蕴含不锈钢与茶镜的闪耀反射，不仅减缓了高柜的压迫，整体空间感也因这展示墙的质感大幅提升。

图片提供_近境制作

380

图片提供_六相设计研究室

380

材质 展现原木书香气息

沿梁打造一个大型开放收纳柜，延续空间的极简风格调性，材质选择没有经过太多装饰与加工过的木材，造型也以最简单不复杂的方格做切割，借外型与材质以最基本的样貌呈现，让户主可以随兴地摆放出属于自己生活的味道。

技巧要点　适当留白呈现生活味

想将书籍与摆饰品收整好又美观，整面书墙不适合摆满，最好是书籍和摆饰品交错摆放，较能呈现生活味。此外让中间适当地留白，除了能展现设计感，还不会令整面书墙显得压迫。

图片提供_怀特室内设计

381

材质 悬吊收纳架，角落空间变实用

作为男主人专属的起居空间，是沉淀、放松的小天地，并不需要太多收纳功能，但基本的书架却又不可少。于是设计师利用沙发旁的角落，由天花板以铁件悬吊设计，打造多用途收纳架，也令角落拥有无形的布置气氛。铁件下端可悬挂衣物，上端两层平台则视户主需求弹性摆放书籍或是饰品皆可。

382

材质 环保建材吸湿除臭

美型收纳技巧除了在于造型，色彩也是能够带动空间氛围的方法。开放式衣柜的底板往往最容易被忽略，通过暖黄色泽以营造温馨舒适的质感。而系统柜有功能弹性的优点，制式排孔可顺应物件的收纳需求，并完整地收纳配件及五金，组合出超强收纳功能柜。背板采用日本硅藻泥环保建材，具有吸湿除臭功能，也可降低发霉的几率。

图片提供_天涵空间设计有限公司

383

图片提供_摩登雅舍室内装修设计

383

[材质] 黑柜与白墙相嵌，视觉对比强烈

入口端景墙巧妙界定了玄关与会议区，有效阻隔入门直视的尴尬。并沿墙面设置黑色柜体，或开放、或密闭的柜格设计，符合不同的使用需求。沉稳的黑也与工业风调性相吻合。地面则用带有斑驳感的复古花砖铺满，成为空间的瞩目焦点。

384

[材质] 铁件与木作成就客厅大型展示品

位于客厅的这个大型收纳柜，为了让其不显得呆板并具有设计感，上下离地的悬空设计与白色柜体令庞大柜体摆脱笨重感。中间以铁件做不规则层板放上摆设品，使收纳与展示完美结合，也让整体成为客厅的艺术品。

设计要点　白色门板令视觉感受轻盈

为了不让庞大的柜体显得突兀，木作柜体选用白色门板让视觉感受轻盈。内部收纳以活动层板区隔，可自由依收放物品作调整，可收放大型扫除用具及客厅玄关杂物。并建议这样的柜体深度约为60厘米，以能达到最佳的收纳效果。

384

图片提供_馥阁设计

385

材质 缩减墙面，留出柜体空间

由于是小面积的空间，再加上有厚实的柱体，形成了较为窄长且有畸零空间的卧寝区。为了让功能更为完备，拆除一半墙壁，留出空间作为衣柜使用。白色结晶钢烤的光滑门板，整体更为明亮，也有效降低了压迫感。

设计要点　门板宽度不超过60厘米最好收纳

衣柜深度约为60厘米，是吊挂衣物的最佳尺寸。同时门板内使用拍拍手五金，建议门板宽度不超过60厘米，否则太重或太宽，拍拍手则无法产生回弹的力量。

385

图片提供_Z轴空间设计

386

图片提供_伊太空间设计事务所

386

材质 半开放式书房的展示书柜

位于客厅旁的半开放式书房，以铁件加木皮的做法打造书柜。用层板和立架规划出书柜的隔板空间，让每一格书架间更有区隔感。书桌前端则以灰玻璃打造隔板，让书房和客厅的空间有所区隔，又不过于封闭。

387

材质 光线与空间的完美协奏曲

入口处以透视效果极佳的灰色强化玻璃展示柜作为空间的开场，柜底特别设计光感平台，除了增添陈列物质感外，也是最佳的转角照明灯。踏阶处亦增加照明，不仅提高了环境安全，更能与地面高低差相搭配，成功塑造空间区隔感。客房内则有半开放的衣帽收纳区及半开放卧榻床架，通透清爽的视觉空间也为客人带来舒适自在的感觉。

设计要点 转角畸零幻化优雅客房

因房子本身架构较特别，这原本是由客厅延伸而出的转角畸零空间，并较整个室内低60厘米，因此设定为访客休息之用的客房空间。陈设多以半开放的方式为主轴，以摒除狭小空间带来的压迫感。

387

图片提供_光合空间设计

图片提供_甘纳空间设计

388

材质 散发芬多精的桧木浴柜

讲究实用性，希望浴室里的每一个物品都有专属的收纳空间。采用户主母亲最喜爱的桧木材质订制镜柜、面盆下浴柜，浴柜门板线条传达日式语汇。为避免遮挡采光，柜体刻意往右设计，保留了通风。

技巧要点 善用生活习惯让收纳更简单

上方镜柜可收盥洗用品，使台面能保持整齐。右侧长形浴柜下方空间则可放置垃圾桶，并利用浴柜后方深度安装毛巾杆，使用更方便。

390

材质 **木色复古的空间氛围**

一字形的工作动线，沿墙面设置订制化的系统厨具，木色面板与复古空间调性相符。在密闭的橱柜设计之中，一旁则留出开放式的电器柜，烹煮时能有效散热。60厘米深的橱柜，足够的深度可收纳碗盘甚至锅具。除了一般的拉抽外，也设计放置调味罐等侧拉抽柜。

图片提供_于一日晴设计

图片提供_甘纳空间设计

389

材质 **黑色基调搭配巧克力砖的沉稳氛围**

喜爱品酒的户主，也有收藏酒瓶的嗜好，期许居家空间能拥有展示酒瓶的规划区。设计师发挥巧思，将展示空间规划于客浴，也令好友们能欣赏户主的收藏。考虑酒瓶颜色与设计较为多元缤纷，因此在背景与层架的材质选用上皆以黑色调为主轴，让酒瓶成为主角。搭配精致的巧克力砖与灯光投射，铺陈沉稳又精致的色调氛围。

391

391

材质 低矮层板柜令清水模脱颖而出

电视墙面的收纳采取低矮层板柜的设计，目的是让整面电视墙的材质脱颖而出。采用仿清水模涂装，为居家空间带入内敛沉淀的氛围。下方的开放式视听收纳柜方便扩充及调整设备，也具备散热的优点。电器柜通过不同材质制造层次，上层台面以印度黑石材衔接灰色调的墙面，底座延续从天花转折而下的木语汇，提升整体感。

图片提供_筑青室内装修有限公司

392

材质 个人限定！水管字母展示架

大量运用铁件、铁管组构空间的层架。左侧使用水管锁接出S与J的英文字母，锁上木板创造出最独特的展示柜，下方刻意留出高度放置视听电器柜。中间的凹洞为预留的婴儿床空间，在还未有小孩之前，购置活动铁架不浪费每一处的运用。上方架着由照片输出的影像，下方放上红酒箱，工业风的随兴摆放就这么简单。

图片提供_日和设计

393

393

材质 月木与白色烤漆铁件搭配呈现轻量感

运用铁件与月木作为材质搭配，辅以轻盈的浅色系为主轴，使量体轻量化，改善小房间的局促感。将物品以九宫格方式排列，令收纳物不仅是被收纳也是展示品。

设计要点 复合收纳，小卧房多种收纳变化

由于卧房空间不大，柜体和床距离非常近，为了不让柜体产生压迫感，刻意不将柜体整个做满，与天花板保留距离并将局部设计为开放式置物架，可以像百货专柜般摆放帽子、包包等配件。

图片提供_彗星设计

394

图片提供_相即设计有限公司

395

图片提供_相即设计有限公司

394+395

材质 电视墙后方的空间利用

在电视墙后方以石材包覆了一个П字形，除了有门板的收纳柜之外，旁边也以层板架出摆放展示品的空间。而大门旁的线条门板则是鞋柜，门板上特别设计了一条透气缝，避免鞋子潮湿或产生异味。而此处的收纳柜高度颇高，拿取东西不易，因此最上方可放置较不常使用的物品。

396

图片提供_伊太空间设计事务所

396

材质 青玉石墙面收纳柜

在玄关处放置了以青玉石和铁件打造出的白色喷漆抽屉柜，除具备收纳功能外，也有屏风般区隔内外空间的功能。下方预留的空间可摆放入门后临时脱放的鞋子，柜体上方也可摆放展示品或钥匙的摆饰盘。

397

材质 以铁件打造的展示架

以同心圆式概念的吊串铁架打造餐厅背墙，可摆放高脚杯、相框或花瓶等物品，具备美形收纳的功能，即使不放置任何摆饰，具有视觉上飘浮感的吊架本身也很有设计感。铁件吊架中间的框架高度较高，可摆放书籍或花瓶等物品。而下方则可摆放香氛蜡烛或调味料罐等生活用品。

图片提供_伊太空间设计事务所

图片提供_伊太空间设计事务所

398

材质 量身打造的收纳细节

位于起居室旁的开放式层架，可摆放书籍或是展示品，而背板则是以烤漆玻璃形成反射镜面效果。下方根据户主需求规划了可收纳吉他的大抽屉，柜子旁以铁件吊架加钢索的摆设，强化空间中的视觉效果。

399

材质 铁件架出吧台上方酒藏空间

餐厅内除了餐桌之外，因为户主爱好美酒，石材吧台桌面的上方也以铁架加灰玻璃，打造出放酒的层架空间。吧台台面也可放置香槟桶或酒杯，兼具收纳与美形的功能。

图片提供_伊太空间设计事务所

图片提供_伊太空间设计事务所

400

材质 以颜色和材质区隔收纳空间

在餐厅吧台旁的收纳空间，上半部以玻璃、铁件加上实木打造开放式层架，下半部则是以白色区隔出抽屉位置，以色彩的区隔和多种材质的运用，让细节更为完整。

401

材质 皮革与绷布，展现精致味道

灰色铺陈的冷调现代空间中，上柜门板运用黑色绷布和皮革拉环，呈现雅致精细的设计。柜体以灯光辅助照明，光影的氛围更添迷离气息。下方则是在木作柜上铺上1.2厘米的台面，轻量化的设计让视觉效果更细致，与右侧黑色的轻薄层板相辅相成。

技巧要点 多想一点就不仅是收纳

此区为电视和茶水区合并，因此在电视下方设置可摆放音响的开放层板，既实用又兼具美观，刻意选用黑色让视觉更为轻薄。

401

图片提供_Z轴空间设计

403

材质 铁件层板呈现轻盈视觉

梁柱与墙之间的尴尬距离往往是最难利用的地方，因此在这有限的空间规划置物层板，成为赏心悦目的展示收纳小角落。选择铁件材质作为层板，并凹折成L形以避免物件滑落，烤上白漆则呈现精致轻盈的视觉感。

402

403

图片提供_犇星设计

402

材质 双色交错，展现跃动效果

素白极净的空间中，双色木作层板的错位效果，形成跃动的视觉，即便不摆物品，也可成为墙面的装饰，原木的使用则为空间增添些许暖度。刻意区分不同的层板厚薄并染黑，营造如黑铁般的视觉印象，也与空间相呼应。

技巧要点 层板收纳有方法

由于层板的深度较浅，且部分层板的厚度较薄，选择重量轻盈的装饰品为佳。若重量较重的，置于交错处较为安全。

图片提供_Z轴空间设计

图片提供_贺泽室内装修设计工程有限公司

404

材质 异材质混搭为客厅创造变化

利用柜体设计隐藏天花梁并作为电视墙，除了预留中央视听管线位置，其余门板之后皆有充足的收纳功能，门板下缘以铁件打造小把手，提升了使用的便利性。在整面电视墙柜的收纳之中，跳脱材质以白色大理石框出影音设备置放处，使整体造型更具层次变化。

405

图片提供_杰玛室内

405

材质 染黑木板与铁件交叠出时尚雅痞风格

柜体从玄关延伸到客厅，大面积的黑色木皮，为空间氛围营造出沉稳气息。侧面的展示柜维持一贯的黑色系，选用黑镜衬底，外围以铁件收边，与上方的天花板相呼应，呈现如公寓般的现代风格。

406

材质 混材运用美形收纳空间再进化

客厅后方的收纳墙面以石皮装点，搭配长形木板打造出的展示层板。下方还有木头红酒柜，黑色镜面旁也有一个大型展示柜，整体空间的美形收纳功能十分完善。沙发背墙可摆放相框、书籍等较轻形的物品，大形展示物如雕塑品或花瓶等，则可放置在黑色镜面墙旁边的展示柜。

406

图片提供_伊太空间设计事务所

灯光

407

概念 上方投射

在墙面上方设计光线向下照射的线形灯沟，或者以安置于天花板的嵌灯手法向下打光可均匀照亮墙面。想要凸显墙面、柜体门板质感或是瓷器等收藏品，即可运用此种手法。

图片提供_大湖森林室内设计

408

概念 家具结合灯光

灯光本来就是室内设计的一部分，融入家具中，会让它的功能更加多元，也让家具不再只有家具的功能，还能为环境的气氛加分。

图片提供_馥阁设计

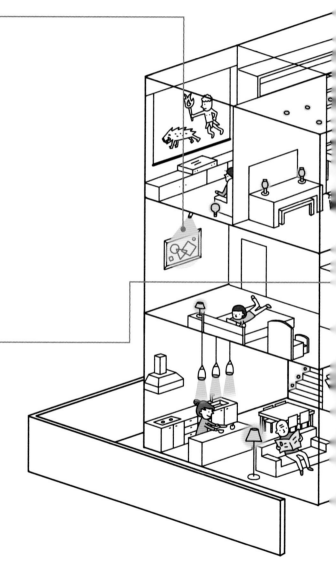

插图_黄雅方

409

概念 侧边投射

运用灯槽手法或者埋入式的设计由柜体边框四周做出侧面打光,这样的投射方式十分适合公仔类的雕塑品,能凸显其质感。

图片提供_怀特室内设计

410

概念 下方投射

下方灯光投射可分为两种:一种为地面置灯向上打光,不仅能打出光亮的墙面,也有提升层高感觉;另一种为柜体下方置灯,间接灯光的效果让柜体呈现漂浮之感,让柜体不再沉重并有放大空间的效果。

图片提供_相即设计有限公司

411

图片提供_大湖森林室内设计

411

灯光 运用白色烤漆与光晕衬托展示品特色

此案为新房，户主是一对新婚夫妻，也希望空间规划时能
将两人收藏马克杯的嗜好结合考虑。于是设计师利用餐厅
侧墙以白色柜体，提供杯壶收藏的展示舞台，下方特殊木
皮柜体则收纳餐盘等物件。展示马克杯的柜体以白色烤漆
呈现，方能凸显与衬托每个杯子的设计特色与造型，并以
黄色晕光让其闪闪发光。

412

图片提供_甘纳空间设计

412

灯光 暖光烘托柜体层次与质感

主卧房内，顺应建筑结构衍生的床头收纳，与卫浴入口整
合在同一立面，结合以温暖木皮规划的吊柜与上掀置物
柜，映着白色门板，散发干净透亮的舒适氛围。中间留白
的木平台后端，加入间接光源的设计，更让平台兼具展示
生活小物的功用。上方吊柜增加衣物储藏，上掀置物柜则
可收纳薄被或是枕头。

413

灯光 悬空柜体设计，空间穿透更放大

走进主卧房，入口处左侧规划为男女主人共同使用的更衣室。邻走道处的柜体采用悬空设计搭配间接灯光，让空间保有穿透延伸的放大感。另一侧则设有拉门，运用利落的线条为立面装饰，展现自然舒适的感受。

技巧要点　旋转拉篮五金使用无死角

更衣间内配置旋转拉篮五金，让转角柜体使用无死角，其他则以吊杆、开放层架为主，提供弹性的收纳。

413

图片提供_怀特室内设计

414

灯光 以弧线带出收纳空间

以弧线带出隐藏式门板的收纳空间，上下也拉了灯带在视觉上呈现出飘浮感。特别的是，空间内的柱子也以相同的隐藏式门板包覆，看起来好像是收纳柜的延伸，但其实是为了延续整体感做的视觉细节设计。

设计要点　将雨具藏起来

雨具、安全帽这些外出用品不好收纳，而这里的玄关柜深约40厘米，可收纳雨伞、拖鞋等进门后随手摆放的杂物，也可弥补客厅不足的收纳空间。

415

灯光 以灯光效果强化美感功能

餐厅旁的展示层架主要是美化空间的功能，玻璃层板搭配以从上方与左右两侧打入的灯光，造就更加丰富的视觉元素。并可依据开放式层架的大小，摆放不同高度及形式的装饰品。

图片提供_相即设计有限公司

416

416

灯光 嵌灯投射书香氛围

在客厅旁规划出独立的书房空间，后方的柜子除了可摆放艺术品作为美形收纳外，也可摆放书籍与文件。沿着书房上方所设置的嵌灯，向上投射的间接灯光令空气呈现不同氛围。

设计要点 事务形设计收纳完善

落地窗旁也规划了一个可放置办公设备的柜体，兼顾各种置物需求的设计让收纳功能十分完善。除了开放式层架之外，柜子最下方规划了抽屉，可用米收纳文件或其他杂物，电视柜摆放不下的物件也可就近放置在此处。

图片提供_相即设计有限公司

图片提供_摩登雅舍室内装修设计

417

灯光 演绎丰富的光影层次

利用餐厅梁下的深度留出中央的开放层架，可摆放书籍与花草植物美化空间。层板后方加上间接照明，借光影变化，墙面更富有层次。部分的餐厅墙面加厚，使之与客厅电视墙齐平的设计，统一了空间线条，整体视觉更为紧致。

设计要点 木作厚层板有效稳固支撑力

由于餐桌靠墙的缘故，因此收纳区着眼于上半部的墙面，每层高度皆为45厘米。为了不出现微笑曲线，选择6厘米厚的木作层板，有效稳固了支撑。

418

灯光 以晕光衬出木质书质书架温润质感

以铁件打造的框架加上长条木板层板，以沉稳色调衬出温润质感，搭配上方的两盏投射灯，让层板放置展示品的美形功能更为加分，摆放书籍也颇具美感。而下方则是以木头打造的抽屉收纳空间，上面则可摆放展示品点缀视觉元素。

图片提供_伊太空间设计事务所

图片提供_怀特室内设计

419

灯光 运用光源的精品展示间

主卧规划出化妆区与具展示功能的置物柜，借此满足女主人收藏精品的嗜
好。每双鞋子有如精品般地陈列在柜子上，搭配化妆灯和柜体内的光源投
射，增添此空间的梦幻感受。而利用鞋柜深度于最内侧规划开放式层架，
提供收纳彩妆与保养品等小物件，可避免凌乱感。

420

灯光 柜内自动灯光让搭配衣服心情更好

灰色门板展现利落的时代感，打开后内部灯光自动开启，不仅让挑选衣服更为便利，让配色更为精准，也能让搭配衣服时心情美好。柜内分为吊挂、层板与不同大小的抽屉，让收纳分门别类方便轻松，上层则可以收放棉被与换季衣物等不常使用的物品。

图片提供_馥阁设计

421

灯光 LED自动光源令穿衣更美学

拉门门板设计让衣物拿取更为方便，而门板一开即亮灯的自动LED光源，即使不开灯也能完美搭配衣物。左右边吊挂不同高度，一边收纳衬衫约100厘米，一边则可收纳长大衣等厚重衣物。

技巧要点 吊挂厚重衣物，棉质衣物放抽屉

衣柜内一般都有吊杆与抽屉柜，厚重衣物建议以吊杆收纳，让体积收为最小，取放也顺手。而棉质衣物如T恤、袜子、内衣裤等则不适合吊挂，折叠整齐放入抽屉柜内最省空间。

图片提供_馥阁设计

422

灯光 展示层柜以灯光呈现温暖氛围

下方以开放式层板作为商品展示，以灯光将视觉完全聚焦于此，淡黄光晕与木色巧妙搭配，整室呈现温润宁静的氛围。最下方排收纳柜特以嵌入式把手简化柜子的线条，每个把手均以灰色烤漆喷砂处理，让柜体与把手材质有所区隔。

设计要点 私密又开放，公私都适用的空间

配合户主的多重需要，在设计上以"精简"为主轴，上方收纳柜运用深色茶色玻璃作为门板，以若隐若现的低调透视效果，提升质感茶色玻璃的滑润光感，亦能让室内有放大的视觉，柜内空间可放置户主私人、居家物品收纳。

图片提供_天境设计

423

图片提供_白金里居室内设计公司

424

图片提供_白金里居室内设计公司

423+424

灯光 运用材质和灯光创造收纳层次

客厅边缘处设置了品酒区，运用内嵌光源将环境区隔开来，结合垂直及平行延伸概念的大L形酒柜，用宝蓝冷色调LED光源及金属层板巧妙呈现柜内时尚且气派的质感，让酒类展示别具氛围。

设计要点 背墙清水模质感赋予墙面丰富变化

直立柜体两侧为封闭式置物柜，亦可作为酒柜的私密收纳。悬浮式吧台符合人体工学高度，又不显得笨重拥挤。品酒区背墙颜色与客厅相互呼应，运用特殊方式呈现清水模质感，保留水泥的粗糙感，赋予墙面丰富的变化。

图片提供_漫舞空间设计

425

灯光 打亮柜体下方，创造轻盈感

基于户主有大量收纳鞋子的需求，沿玄关墙面设置大尺寸柜体。为了避免
过于压迫，一入门的柜体高度刻意降低，且选用开放式的圆弧柜，保有一
定的开阔度。下方不做满，并用间接灯光打亮，减轻体量的沉重感，有效
放大狭长的玄关区。

图片提供_杰玛室内设计

426

灯光 柜体不落地，营造悬浮感

大门一进来左侧即为鞋柜结合收纳的大型柜体，同一立面有过多柜体势必挤压空间，亦让人有压迫感，因此电视柜采用悬空式设计，并将电视柜应具备的功能收整，体量因此变得更为轻薄。另外在柜体下方安排灯光，借以柔和的间接光线，制造出飘浮感，强调其轻盈感，也为空间增添温馨感。

427+428

灯光 层板光线为收藏品打光聚焦

户主将走道空间加大预留45厘米的空间，作为将来收纳他所有公仔收藏的展示柜空间，化解走道的单调，为功能过道增加走动兼观赏的乐趣。为了避免灰尘累积而加装玻璃滑门，同时设计层板灯光为收藏品打光聚焦。

设计要点 动线展示丰富走道风景

以五道等高的横轴层板柜打造公仔展示舞台，延展性十足，利用中间高度刻意设计带状空间脱开上下两层柜，丰富了整座柜体的变化。

427

428

图片提供_筑青室内装修有限公司

图片提供_筑青室内装修有限公司

429

概念 简洁几何图形

运用简洁或者几何图形为主所设计的柜体造型，摒弃繁复与多变的线条感。特别是设计上，会在色彩与呈现出的设计感上多作着墨，令空间呈现浓浓的现代风格。

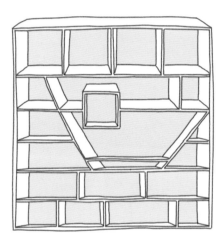

插画_黄雅方

图片提供_拾雅客空间设计

430

概念 不规则、不对称

为了收纳展示更为突出，也可选择不规则、不对称的柜体设计，例如书柜可做不规则的大小隔层，不仅美形，也更好收纳。

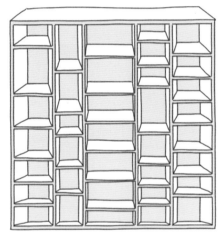

插画_黄雅方

图片提供_馥阁设计

431

概念 旧家具改装

选择一两件具有年代的造型家具，营造出怀旧的
复古氛围，也是美形收纳柜的选择，不仅可以旧
物再利用，也能让当年的美好回忆再现。

插画_黄雅方

图片提供_彗星设计

图片提供_甘纳空间设计

432

造型 **带状CD收纳化解吊柜压迫感**

造型书柜采用不规则分割制造柜体的趣味性。中间刻意以带状线条分割柜体，底部铺上黑色烤漆玻璃使层板的立体感更加强烈。横向线条也促成水平延伸感，达到调整比例的目的。搭配墙面右侧的穿透光束，降低了吊柜的重量感。吊柜中间的带状线条其实是顺应CD收纳而生，依照CD高度规划达到完美收藏与展示。

图片提供_築青室内装修有限公司

433

造型 **鲜亮配色衬托窗明几净的愉悦感**

由于此屋空间呈现几近不规则的扁五边形的形状，增添了室内空间规划的难度。在此书房中，设计师以一比一的大小沿着墙面摆置了两片落地式大型书柜，折角概念提升了这一区块的视觉延展性，也在无形中放大了书柜，同时化解了畸零边。为搭配房间内浅木色桌椅及窗外树木景观，书柜采用白色基底，佐以鲜明的黄色装饰书挡格层，让墙面多了跳跃式的活泼变化，无论柜上书多、书少，都能呈现不同的感觉。

图片提供_白金里居室内设计公司

434

造型 **巧克力薄片书挡别出心裁**

左边墙面以顶天立地的层板为设计主轴，并别出心裁地将书挡以铁片切割的方式，设计成巧克力薄片造型。层架上无论是摆满书籍呈现的书香感，或是以书挡和展示品呈现的简约质感，都让空间充满时尚优雅的北欧风格。

设计要点 "巧"思处处的北欧风阅读天地

选用穿透性强的玻璃材质做隔间，视觉上完全没有狭长区域的压迫感，视线反而能延展至外部客厅处，创造与客厅声息互通却又独立的完美空间。设计师特别以淡色橡木条将墙面作不规则分割，让空间充满活泼调性。

图片提供_天境设计

435

图片提供_相即设计有限公司

436

图片提供_相即设计有限公司

435+436

造型 **多层次的收纳功能**

电视柜以拉门形式呈现，搭配下方的抽屉增加收纳空间，左边的吊架用来平衡整体画面比例及增加细节。柜子旁的艺术品摆设空间与玄关处相对应，以摆放装饰品的美形收纳让空间看起来不过于单调。

设计要点 **实用美观的吊架**

铁件吊架不仅吸睛，抱枕更可放于吊架上，十分实用。而拉门电视柜内可收纳书籍、DVD播放器等物件，其他琐碎的物品则可运用下方抽屉的空间收纳。

437

造型 **韵律般跳跃的优雅收纳**

小朋友的书籍、玩具或衣饰等物品常常都不是规格品，尺寸的变化极大，因此设计师特别以跳跃式的阶梯格子层板来设计柜墙，并以部分门柜设计让杂乱的物品可以更方便收纳。

设计要点 **衣物隐藏书籍外露宗整收纳**

为了满足小孩房的收纳需求，这个房间利用了两大面墙来做柜体，除了右侧以白色喷漆门柜作衣物整理外，左墙则运用木皮架构与白色门柜的设计，创造出跳跃视觉的优雅柜体，让小朋友可摆设及收纳玩具、书籍等。

437

图片提供_近境制作

图片提供_彗星设计

438

造型 结合多种方式，形成配合生活的功能区

餐厅同时兼具工作空间，因此收纳以多功能作为考虑。巧思利用老中药柜
多抽屉的优点，轻易地将各种不同性质的物件分类收纳。侧边开放铁柜方
便收整电脑周边设备，上方墙面订制的铁件挂架，则可放置书籍及文件，
也能局部展示户主的收藏。改造旧药柜让老家具成为空间特色，桌面改以
透明玻璃再以铁件收边，除了作为展示使用外，也更容易清洁整理。

440

造型 **悬浮收纳柜加上色彩，降低柜体的体量视觉**

柜体的深度是影响收纳量的原因之一，但对于小空间来说深柜体会有较重压迫感。这组收纳柜利用错落组合增加活泼感，采用不落地的悬空设计产生轻量视觉，再加上刻意将柜子漆成与墙壁相同的水蓝色，让冷色系的退缩特性减少压迫感。运用单一元件的方格木柜堆叠，更可以创造出多元丰富的收纳变化。

图片提供_彗星设计

439

造型 **柜体的非线性变化制造无限想象**

宛如侏罗纪恐龙骨头的木质结构，一路从立面柜体蔓延至天花板。以古老的无脊椎动物为灵感，不规则曲线因仰望的角度不同而出现上下波动的视觉感受，一改规律正经的展示收纳柜设计，注入新奇有趣的灵魂。材质选用浅色枫木轻化体量，背板衬上灰喷漆提升视觉层次，同时以木板间的结构缝隙分解了曲线天花引起的下沉重感与压迫感。

图片提供_大器联合建筑暨室内设计事务所

441

442

图片提供_白金里居室内设计公司

图片提供_白金里居室内设计公司

441+442

造型 **充满跳跃感的视觉收纳**

设计师以孩提时候益智拼图作为设计灵感，以木色、白色搭配芥末绿的跳色设计，将整片墙营造一种巨形平移式拼图的视觉效果，丰富的线条也让室内呈现活泼多元的氛围。拉门设计正巧呼应了平移拼图的概念，让墙面洋溢无限想象空间。开放式柜体适合混搭陈列各种展示品及书籍，不用担心物件不同造成的反差。门板内可收纳各种零碎物品，完全满足美观、展示、收纳的多种需求。

443

造型 **开放式格栅让嗜好成为美好生活装饰**

户主希望有摆放大量书籍及展示品的收纳柜，因此利用客厅梁下墙面设计开放柜，上下垂直隔板以斜角为修饰，并以色漆处理柜体收边，让大面柜体降低压迫感。由于开放式收纳柜的位置在最常使用的沙发区，使用频率提高了，户主也能花较多心思照顾。而开放柜除了收纳用途外，随时调整摆放展示品也可变成一项生活中的乐趣。

443

图片提供_彗星设计

444

444

`造型` 柜中柜收纳，创造层次美

主卧虽然是私密空间，但对于设计美感的把关也不容忽视。为了让这面以收纳为主的墙面更具有层次感，在画面设计上除了以几何切割做变化，更运用柜中柜的概念，营造出视觉的层次感。染黑木皮的印象直接由客厅延伸进主卧房内，特别是在柜体的每一个小单位中再以铁件作纤细的线条分割，使画面每区块都能自成一格。而其中饰品也化身为艺术般的优雅装饰。

图片提供_近境制作

445

`造型` 大小柜体满足各种收纳需求

设计师巧妙以绿草般的墙面为底色，借由深浅不同染色处理过的实木皮，去包覆造型大大小小的柜体。错落的排列不仅满足各种尺寸需求的收纳功能，同时为生活种下更贴近自然的休闲种子。

445

图片提供_明楼室内装修设计

446

446

`造型` 开放与密闭，墙面收纳更多元

为了让餐厅空间能结合书房收纳、阅览的功能，餐厅边柜特别以开放、封闭交错式的设计提供户主弹性摆设：开放柜的部分，适合摆放书籍、展示品，附有门板的橱柜则适合收纳各式居家杂物。下方橱柜与窗、墙L形的延伸，呈现一体成形的视觉效果。

技巧要点 密闭柜内以鞋盒或面纸盒做收纳

大型落地柜结合了开放柜与密闭柜的两种优势，建议可将餐厅区必备的餐具、日用品放置于设有门板的密闭柜中，可用鞋盒、面纸盒将物品作简单区隔，贴上标签分门别类摆放，既方便拿取，也不致于凌乱。

图片提供_天境设计

447

造型 复古时尚的蓝衣柜

户主希望居家空间能与时下住宅与众不同，也愿意接受大胆的尝试，因此，设计师将主卧房衣柜铺陈明亮的浅蓝，加上古典线条框架，展现复古时尚调性，也成为卧房的装饰墙面。柜体根据收纳物件、生活动线作为门板划分，左侧搭配抽屉收纳进入浴室需要的换洗衣物或是梳妆用品。

448

造型 以极简线条勾勒现代感

户主喜爱简洁的现代风，因此将大形柜体安排在玄关位置，让整体空间得以维持极简线条，却又能满足收纳需求。柜体延续整体空间主色调的白色，让立面保持净白毫无赘语，只简单以铁件设计把手，让材质与细节变化简单作点缀，低调展现现代风设计语汇。

449+450

造型 将收藏品框起来

整合展示与书柜的收纳柜，兼具造型与收藏的双重功能。镂空的造型门板让摆置书架中的收藏品完美呈现，并从底部打光让其熠熠生辉。而柜体内部不同尺寸的板则让大小不一的书籍更好收纳，一开一关都是不同的风景。

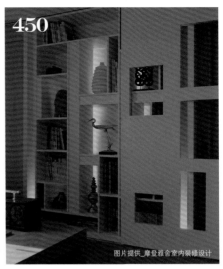

图片提供_摩登雅舍室内装修设计

图片提供_摩登雅舍室内装修设计

图片提供_相即设计有限公司

451

造型 树叶意象置身自然之中

小孩房的书桌重点是照明功能，其次是有造型的书柜门板设计。一间以挖洞门板制造树叶意象，另一间则是以不规则长条形门板展现视觉效果。椅子旁的柜子可用来摆放电脑主机，书桌上方也以层架隔出摆放展示品的空间。

设计要点 符合课本与参考书的尺寸

书柜的深度约35厘米，高度也足以摆放大部分尺寸的课本及参考书。层架上则可摆放小孩的玩具和相框等物品。

452

造型 木盒堆叠式收纳，好看兼具高实用性

将三种规格的四边柜像积木般组合，柜体搭配鲜明的暖色调与天然木皮，在开放式的空间设计氛围下，使柜体本身成为居家空间的装饰单品。而开放与隐藏柜的搭配，能让零散的物件完整地被收整，同时也可以将自己心爱的收藏品摆放出来，具备展示作用，运用上更为灵活。

图片提供_彗星设计

图片提供_明楼室内装修设计

453

造型 虚实墙面一如跳跃音符

运用偌大的空间墙，具有不同材质、颜色的收纳设计，展现出对比的画面
效果，也满足了不同的收纳属性。让整个墙面上的实木皮纹理错乱着白色
门板，就像是跳跃的音符带动着空间的旋律。天然肌理的木皮是空间中开
放的符号，喷白的门板是私密领域的标记，将杂乱或是私密物品放入有门
板的空间。至于书籍与收藏品则可整齐排列，或随兴展示。

454

图片提供_杰玛室内设计

454

造型 加入水泥材质带入随兴感

考虑面积不大,因此运用白色让柜体与天花融为一体,呈现一完整立面,也营造出轻盈感。柜体下方以水泥墩作为电视柜平台,让单调的立面多了变化,也满足了户主的风格喜好。柜体侧面利用深度做凹槽处理,则可方便回家时摆放随手小物件。

455

造型 完美切割比例,让收纳墙面成为空间焦点

由于户主有大量的收藏品,因此除了收纳功能,展示户主收藏品也是这面收纳墙的主要功能之一。首先在墙面上铺贴上木素材作为衬底,接着依据收藏品的尺寸、种类,以线条切割、组合成多个矩形,创造更活泼有趣的视觉变化。

455

图片提供_拾雅客空间设计

456

456

造型 顺应屋形的收纳设计

由于屋形不方正,设计师利用收纳柜切齐空间,切划出较为方正好用的生活区域。呈现梯形的大型收纳柜,柜体采用消光烤漆,低调的消光烤漆降低了大型体量的存在感,白色也能有效放大空间,并呼应整个空间风格。利用内凹、拍拍手作为门板设计,让柜体立面线条保持简洁、利落。另外加入少量木素材元素,柔化过于洁白的白色体量,增添些许属于家的温度。

图片提供_拾雅客空间设计

457

造型 **仿若倾倒的柜体造型**

以简约、利落概念为主体的居家空间中，两座对称的白色系统柜，中央
则有倒卧的柜体，视觉冲击强烈的绝妙设计，成为空间瞩目的焦点。柜
门采用折门的概念，不仅方便开启，也能缩小回转半径。

设计要点 **40厘米的万用柜**

现在家中多设计为开放式空间，柜体的功能更加多元，因此将柜体设计
深度为40厘米，不论是作为鞋柜收纳，或是一般家居用品、书籍等的
收纳都很适合。

457

图片提供_Z轴空间设计

458

459

图片提供_明楼室内装修设计

458＋459

造型 北国屋舍印象的造型收纳

为保留建筑本身得天独厚的多面向采光，让室内展
现温暖休闲感，决定舍弃高墙式电视墙设计，改以
造型矮柜增强收纳，让更多自然光得以进入室内。
而白色矮柜或高或低、或前或后，就像北欧国家中
白雪皑皑覆盖着房屋的缩影。

技巧要点 管线沿柱内收整，简洁空间

不做电视高墙的设计后，改用旋转电视的支架，并
将之锁在木作包覆的柱子上。其中管线沿着柱内到
旁边的矮柜，不仅保持了空间的简洁，也不会减少
阳光流动的空间。

图片提供_明楼室内装修设计

460

460

造型 琴键般的黑白旋律收纳

将功能收纳视为美形设计的一个环节，从平整
简约的造型，到结合空间与家具配色，呈现出
现代都市的灵巧美感。尤其是上下分段的黑白
配色，犹如琴键般的优雅。

设计要点 上下区隔便利取物

在墙柜的分配上先以上下分段做区隔，让视觉
所及的白色门柜展现出整齐无瑕的画面。至于
下半段则以黑铁做开放展示柜，较不干扰视
觉，也便于取放物品。

图片提供_近境制作

461

图片提供_拾雅客空间设计

461

造型 大胆配色，营造空间亮点

具童心的户主，希望收纳除了有实际功能外，还能替空间带来更多的趣味性。因此设计师受圆形天花板的想象启发，采用蜂巢形状作为开放式收纳造型，并大胆采用跳色搭配，突显户主展示的收藏品，也营造了空间里的一大亮点。

462

图片提供_相即设计有限公司

463

图片提供_相即设计有限公司

462+463

造型 以中岛呈现崭新收纳概念

以中岛形式规划书房空间，兼具美形和收纳的功能。中岛的一长边可摆放椅子，桌面上可放置书本当做书桌。而大片镜面旁则是上了黑板漆的门板，方便小孩在书房上家教课时使用。中岛的另一长面是有50厘米深的抽屉，可用来收纳文具等物品。

464

`造型` 仓库门板制造空间的工业性格

6平方米的小卧房需要降低衣柜引起的压迫感，紧邻床边的大衣柜通过不置顶的方式保留空间的通透感。门板舍弃一般衣柜贴木皮或是线板的设计，仓库门板的造型大大弱化了衣柜的既定印象，也成功运用一扇门板营造公寓的工业风。

图片提供_馥阁设计

465

`造型` 拉长空间，视觉比例更完美

以屋主喜爱的黑白灰为用色基调，沙发背墙以白色砖墙堆砌而成，中间内凹留出空间，宽度极长，拉出利落线条感。台面贴上橡木染黑木皮，与深色桌椅相呼应，天花以铁件框边，呈现美式人文气息。

图片提供_杰玛室内设计

图片提供_日和设计

466

造型 美式风格柜跃上舞台成主角

狭长的厨房空间在两侧利用上下柜拓展收纳量，植入代表美式风格的线板元素，佐以立体感黑铁把手，白色质感让空间显得清爽，搭芥末灰的地铁砖，赋予空间美式都市风格。透明玻璃与实体门板的相互对称，虚实交错减缓两排吊柜的厚重感。而投射灯的引入，将配角化为主角，直接让收纳柜变成空间焦点。

图片提供_虫点子创意设计

467

造型 **不对称美形书架反而更好收**

医生户主有着各式各样的书籍，举凡医学书籍到小说更甚至漫画、CD等。因此这个顶天立地的木作书架就以15~40厘米为级距，做出不规则的大小隔间，形成不对称的美感。也因为要收的东西本来就大小不一，反而更加好收。

468

造型 **交错钢板，是装饰也是展示架**

餐厅后方墙面采取3毫米薄的铁件构筑十字、L形等不同造型展示架，即便没有摆放家饰，本身也是一种装饰。纤细的铁件展示架，后方以一个正方形钢板为底，再将钢板锁在隔间墙上，让展示架与墙面的接合更牢靠。

技巧要点 **书本收纳的美学**

铁件展示架并不局限收纳的物件，也可作为书架使用。可将书本封面如同书店成列正面摆放或是随意叠高，让空间富有创意美学。

图片提供_怀特室内设计

图片提供_近境制作

469

造型 **书房柜体环绕但仍舒心自在**

许多人担心墙面若规划作柜体的比例过高，容易让空间产生压迫感。但此空间因拥有充足采光与宽敞视觉，加上设计得宜，避免了这一境况。从楼梯间的端景墙柜到书房内的书墙，以及书桌侧墙上的层板饰品柜，同样开放却不同造型的设计增加了视觉的趣味性，而悬空疏落的设计则避免杂乱与拥挤的感受。

470

造型 **柜体艺术化，挑战一般收纳柜的既定印象**

运用金属薄韧特性，打造六角与菱形结构结合的墙饰收纳，搭配明暗颜色产生不可思议的错视立方体效果，让展示架本身如艺术品般地存在。而对于造型强烈的收纳柜体，通常装饰作用大于实用性，不妨摆放一些个人收藏小物，让墙面不再单调、更具个人特色。

图片提供_彗星设计

471

造型 层叠墙柜成为风景

墙柜画面中运用不规则中有规律的横纵切割层板设计，让柜体呈现出趣味变化，并可收纳书籍、相框、烛台等各种大小造型物品。再运用纯粹彩度黑白灰的色彩洗涤，让生活画面可以更为沉稳，也让空间的秩序绽放质感。

图片提供_近境制作

472

造型 完美比例分割，创造和谐视觉

以比例分割为设计概念，将单调的书墙作几何分割，由于皆有比例相对关系，因此看似不规则，却有其谐调感。其中穿插的白色门板，丰富了视觉变化；深浅跳色效果，则增添活泼感受。层板设计为固定式，是为了维持完美视觉比例，并让书墙成为空间里最美的端景。白色门板内的层板则可自由移动，因此可按类型、尺寸不同做收纳，让展示与收纳并进。

472

图片提供_六相设计研究室

473

造型 井井有条的收纳规划

户主本身对于收纳的要求十分严谨，因此在餐厅墙面以小型的复古方块瓷砖作出拱门造型，纳入欧风的古典语汇后，便分别依照不同物品规划区位。不论是杯、盘，甚至红酒的收纳隔板尺寸，都需符合收纳物件的尺度，保持井然有序的居家风貌。

设计要点 滑轨抽拉酒柜好取用

在方便顺手拿取的高度设置开放收纳区，再根据户主收藏的杯盘，设计适宜的间距，中央特意设置可抽拉的酒柜，滑轨的设计好拿又好用。

图片提供_摩登雅舍室内装修设计

474

造型 多切面的斜角细节

以铁件结合木作的柜体用来摆设展示品，在柜子的转角处不以九十度呈现，降低走路时碰撞到直角的受伤几率，以多切面斜角作为转折也丰富了整体细节。展示柜旁以细状条纹木带出隐藏门板，巧妙地在视觉上作出功能性区隔。

图片提供_相即设计有限公司

475

造型 兼具书墙功能，同时也是空间展示品

户主希望能将大量藏书当成展示，因此设计师便将书墙当成大型展示品作为设计概念。利用薄的黑铁板作为书墙结构，借由薄板虚化书墙横向线条，同时也具备足够的承重力。接着以实木作为书墙竖向结构支撑，强调错落有致的实木线条，同时也营造有如飘浮的轻盈感。书墙最上方刻意安排灯光，则能加强展示效果。

图片提供_六相设计研究室

图片提供_汎得设计

476

造型 细致的复古柜体，比例适中

在180平方米的大户型家居中，大胆将四房改为两房，并将书房和餐厅合并，留出更多的空白空间。摆上大面积的木桌，可当工作桌和餐桌使用，沿墙搭配整面的北欧复古原木层架，办公设备、文件都能顺手可得。邻近工作区的柜体，主要收纳工作所需的文件或书籍，也运用开放层板的设计，摆放相框等装饰品，丰富了视觉层次。

478

造型 **黑铁玻璃柜门创造公寓调性**

主卧延续整体公寓的粗犷调性，黑铁加上压纹雕花玻璃的柜体，与风格相呼应。迎光的优势让空间明亮，玻璃格门的设计则与衣柜同调，也具有穿透效果。衣柜内部除了设置一般的吊挂区，抽拉柜的设计可放置皮件、首饰、领带等小型配件，井然有序的摆放，则能让空间更整齐。

图片提供_汎得设计

图片提供_汎得设计

477

造型 **金属把手点缀，凝聚视觉焦点**

餐厅沿梁下设置，依墙拉出高柜拓展功能空间，可补足客厅不足的收纳需求。通过进口黑铁五金把手的点缀，恰与吊灯材质相呼应，再搭配灰色墙面和铜制壁灯，流露相当质感的色泽，整体呈现独特的英式居家风格。由于未特别设定用途，因此柜体深度采用常用的35厘米，一般的书籍、餐盘或摆饰品都能放得进去。

479

概念 **收纳盒选择同系列**

在开放式的收纳空间中，杂乱的物品与文件即使收整好还是容易影响美观，建议收在同规格、同色系的收纳盒中，于层板中一字排开，分类清楚也显得美观。

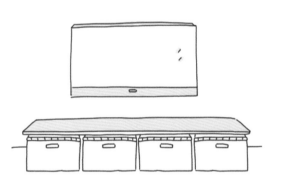

插画_黄雅方

图片提供_十一日晴设计

480

概念 **视觉系收纳**

具有布置展示功能的美形收纳，除了隐藏式收纳家具的选择外，不妨选购几件视觉抢眼的收纳箱盒，或是使用漂亮的玻璃杯盘、玻璃瓶来收纳杂物，除了具有收纳功能外，还能成为空间焦点。

插画_黄雅方

图片提供_彗星设计

481

概念 造型行李箱、红酒箱

一年难得用到几次的行李箱，堆在储藏室里占空间，买红酒时所留下的木作红酒箱，很漂亮但收也不是丢也不是。其实这些都能拿来收纳杂物，整齐摆放在墙角还能为居家设计增加亮点。

插画_黄雅方

图片提供_彗星设计

图片提供_彗星设计

482

收纳工具 井然有序的收纳设计

这是一间工作室，除了大型会客桌之外，还必须纳入工作柜以便于归类整理。因此利用现成的拉篮分隔上下两层，物品各归其所，拉篮方便抽拉的特性，顺手又好拿。再加上透明的塑料收纳盒，有效整理零散文具。整体无柜门的开放设计，让物品一目了然。

482

图片提供_十一日晴设计

484

收纳工具 善用挂钩，服饰配件也能妆点卧房

家中零碎空间的墙面也可以善加利用，在卧房门后较高的墙面上加个挂钩，可以简单收纳帽子、围巾、项链或皮带等物品，取用方便，又有装饰空间的效果。在卧房门后设置收纳挂钩，要注意计算门板宽度距离，并仔细测量，避免上钩后才发现影响开关门。

图片提供_彗星设计

图片提供_十一日晴设计

483

收纳工具 多彩收纳盒，建立分类收纳概念

简单朴素是整体空间的调性，延伸至儿童房中，也呈现一贯的设计元素。架高地板后，以高度适中的低矮床架，不仅让小孩起身方便，床架还附有两个大抽屉，增加收纳空间。同时一旁以玩具柜辅助，好抽拉的设计，方便孩子自主学习收纳。

技巧要点 收纳从小培养

利用现成的玩具柜，搭配鲜艳多彩的收纳盒，让小孩学习回归物品和分类收纳的好习惯。

485

图片提供_彗星设计

485

收纳工具 复合式收纳整合需求

利用铁件与木材，在卧房建构一个结合收放外套的衣架、化妆台、置物架及电视墙的多功能收纳柜，白色烤漆铁件提升了空间的轻盈感，收纳架高功能地将衣服、化妆品整齐收纳不杂乱。

技巧要点 将穿过的衣服另外收纳

除了衣柜之外，另外设计一个开放式衣柜能收整穿过一次又不想放进衣柜的外套、衣服，以保持卧房的整洁同时兼具美观。

486

486

收纳工具 伸缩抽盘让睡眠空间加倍增大

小孩房因考虑孩子依年纪增长而衍生出不同需求，因此房内没有太多固定式的木作装潢，衣柜、展示柜及玩具收纳柜均运用现成的家具，户主可随时依需要替换。值得一提的是，小孩房内放置标准单人床，床下有一抽屉式抽盘，若有访客住宿，可铺上软垫，成为便利的卧榻。床头处亦有上掀收纳空间，适合置放被毯，作为四季寝具收纳之用。

图片提供_白金里居室内设计公司

487

收纳工具 巧用现成品打造专属收纳

由于不想使用固定的柜体，希望借由现成柜的拼组，让卧房使用更具弹性。刻意不做天花，保留室内原有高度，顺势利用梁下后方设置衣柜，量身打造属于自己的收纳空间，深绿色的拉帘，开关更具机动性。

图片提供_十一日晴设计

488

收纳工具 跳脱只有桌、抽屉、镜子的化妆台

女人的化妆台最需要通过巧思创造强大好用的收纳设计，运用各种收纳工具组构出收纳功能强大的化妆台，配合物品的种类大小设计不同深浅的收纳格，收纳功能从桌面到立面，如同几何拼图般增加视觉乐趣。化妆面使用透明强化玻璃，一目了然化妆用品的摆放分类，化妆桌侧面另设计饰品吊钩，方便挑选项链、耳环。

488

图片提供_天涵空间设计有限公司

489

490

图片提供_漫舞空间设计

489+490

收纳工具 隐藏式插座，维持一贯平整度

客厅沿墙再设置一层电视墙面，形成具层次感的视觉感受，灰色水泥板的使用，呈现沉稳低调的氛围。下方则选用木板铺陈，不另设柜体，将视听设备直接外露，线条简单的电器，维持一贯的简单利落。

491

图片提供_汎得设计

491

收纳工具 不受局限的柜体新用法

进入玄关，就能一眼看见十层抽的法式工业风铁柜，深色的铁件与大尺寸的柜体，塑造强烈的入门印象，数量庞大的抽屉为一家三口提供足够的收纳量。客厅也选用复古家具作搭配，与铁柜展现一致的氛围。

技巧要点 旧家具的崭新用途

原本收纳文件的铁柜，现今则成为鞋柜使用。依照每格抽屉放置一双鞋子，为旧柜体创造崭新的用途。

美形收纳重点提示

492

提示 善用墙面，让收藏成为墙面装饰品

展示区在空间规划上已经日渐被重视，但配合着不同的收藏品有各种不同的收藏方式，空间的大小也取决了展示区的比例。如果收藏量丰富，空间许可之下，给予一个专属的收藏空间是绝对没问题。如果是小空间，又渴望有展示区，那可以在墙面上作设计，通过线条的创意与材质的运用，给予一部分墙面放置收藏品。但值得提醒的是，尽可能不要超过主空间的1/5，才不会扰乱视觉焦点。

493

提示 复合式展示空间提高空间功能性

展示柜可以分单一式与复合式，所谓单一式只是放置收藏品，而复合式不仅兼具设计感，也可以兼具收纳功能。在单层、面积中型以下的空间当中最常使用，由于柜体本身就具有设计感，因此即使随意摆放自己的收藏品，也可以展现出收藏品的质感。如果当作书柜或其他收纳方式，也不会突兀，这对小空间来说是再适合不过。

494

提示 依收藏品实用度规划展区位置

收藏品千奇百怪，有装饰用如公仔、雕塑品、水晶玻璃、琉璃艺品等，而实用则是杯碗、唱片或香水等。如果是非实用性收藏品，即可随着空间的摆放做适当规划；而如果是实用形收藏，就得考虑动线。例如杯碗的收藏可以考虑放在餐厅或厨房空间；唱片则可以尝试放置在开放式的起居空间中；而香水属于较为私密又略为特殊的收藏，在睡眠空间中选择一部分墙面做展示，不仅节省了使用者的动线，也可以更近距离地欣赏属于自己的私密收藏。

495

提示 内凹式设计大秀珍藏一样省空间

如果不想再多取一部分空间出来规划，那在局部设计成内凹式柜体，不仅可以秀出自己的收藏品，更可以节省空间。通过这样的柜体设计，不仅可以展现空间上的巧思，也能让自己的收藏呈现好质感。

图片提供_馥阁设计

496

提示 配合空间主题，增添珍藏趣味性

想让展示柜当配角，就一定要称职，配合空间主题的不同，也可以衍生出不同的展示柜灵感。像是全白的雕塑品，从博物馆的古典相框，亦可制作成独特的展示柜，配合古典的空间主题，让收藏与空间相呼应。而如果有独特限量的挚爱收藏，其实也可以打破展示方法，打出一个洞，将挚爱的珍藏放进去，再打上灯光，就成为整个起居空间的焦点。

497

提示 内藏或外露都是好收纳

外露的杂乱线路想让它藏起来，可设计线槽让管线隐藏于其中，在视听柜里的管线，则可选择有色玻璃作为门板材质，以便遮掩管线。但其实也不一定非要藏起来才叫收纳，如果选择好看一点的管线，再将电线收卷整齐，外露也可以是很美观的客厅风景。

498

提示 高度要比展示品高一点才好拿取

展示柜的外观除了门板之外，也可在中间设计橱窗，可不定期选出一件作为展示焦点，凸显收藏品的价值，其他则可收到柜中。内部可设计层板或抽屉，无论是哪种设计，记得高度都要比展示品再高个4~5厘米，才能让手方便拿取。若使用层板，两旁可多钻一点洞，方便层板变换高低，以适应不同收藏品。

499

提示 镂空层格收纳酒类一目了然

收纳红酒瓶类，设计并非得做符合瓶身的圆形设计，只要掌握平放摆放方式，内部深度20~25厘米，前方加做卡住瓶口处的凹槽设计3~4厘米，前者摆放瓶身、后者摆放瓶口，轻松将酒瓶稳固放置，镂空层格也能让酒类一目了然。

500

提示 运用毛巾篮将毛巾隐藏起来

如果觉得毛巾的颜色、材质与浴室不搭，或不想让毛巾外露，也可运用将毛巾篮隐藏于柜中的设计，将使用过的毛巾直接放入篮中，每天替换新的毛巾，为浴室质感加分。